LES

VINS BLANCS D'ANJOU

ET DE

MAINE-ET-LOIRE

PAR

GUILLORY AINÉ

« Les bons vins d'Anjou ne sont
» pas estimés ce qu'ils valent. Il est
» peu de vins blancs en France qui
» leur soient préférables. »

CAVOLEAU (*Œnologie française.*
Paris, 1727, p. 192).

DEUXIÈME ÉDITION
revue et augmentée.

ANGERS
E. BARASSÉ, IMP.-LIB.
Rue Saint-Laud, 83.

PARIS
LIBRAIRIE AGRICOLE
Rue Jacob, 26.

1874

LES VINS BLANCS D'ANJOU

ET

DE MAINE-ET-LOIRE.

LES

VINS BLANCS D'ANJOU

ET DE

MAINE-ET-LOIRE

PAR

GUILLORY AINÉ

« Les bons vins d'Anjou ne sont
» pas estimés ce qu'ils valent. Il est
» peu de vins blancs en France qui
» leur soient préférables. »

CAVOLEAU (*Œnologie française.*
Paris, 1727, p. 192).

DEUXIÈME ÉDITION
revue et augmentée.

ANGERS
E. BARASSÉ, IMP.-LIB.
Rue Saint-Laud, 83.

PARIS
LIBRAIRIE AGRICOLE
Rue Jacob, 26.

1874

AVERTISSEMENT [1].

Les vins blancs des premiers crus d'Anjou, dont la qualité supérieure a été, de tout temps, appréciée à sa juste valeur, même à l'étranger, sont complétement inconnus aujourd'hui sur la *place de Paris*. En effet, on ne voit figurer sur la cote officielle des cours à Bercy et à l'entrepôt, sous le nom de *vins d'Anjou*, que les petits vins blancs achetés par le commerce de la capitale, dans nos crus inférieurs, et qui sont exclusivement destinés aux coupages avec les vins foncés du Midi.

(1) La première édition, publiée dans le Bulletin de la Société Industrielle et tirée en même temps en brochure, fut en majeure partie reproduite dans le journal *Le Moniteur vinicole* des 25, 29 novembre et 2 décembre 1860, et analysée dans la *Revue viticole et Œnologique* de M. C. Ladrey, 3e année, 1861, p. 102 et suiv.

Ainsi, tandis que nos bons vins blancs sont devenus très-rares et se vendent à des prix excessifs, on trouve encore sur cette cote (12 septembre 1860), « vins d'Anjou (230 litres), 75 fr. à 80 fr. la pièce. »

Frappé de cette anomalie si préjudiciable à nos vignobles, nous recherchions depuis longtemps les moyens d'éclairer le commerce et les consommateurs sur la valeur réelle de nos vins blancs de première classe, que nos expositions avaient déjà commencé à signaler à l'attention publique. Dans ce but, nous réunissions les documents les plus propres à faire apprécier leur mérite, lorsque le traité de commerce avec l'Angleterre, en faisant naître l'espérance de voir reprendre à nos exportations de vins une partie des débouchés qu'elles avaient eus autrefois à l'étranger, nous a déterminé à ne pas attendre plus longtemps pour l'accomplissement de cette tâche, dont l'opportunité devenait une nécessité.

C'est donc sous l'empire de cette conviction que nous nous hâtions de produire, dès 1860, ce travail, qu'alors nous avions cherché à rendre aussi complet que possible.

L'accueil qu'il a reçu du public viticole nous engage à le réimprimer de nouveau, en lui apportant les modifications que comporte l'espace écoulé depuis sa première publication.

L'étude historique des vins blancs d'Anjou, depuis les temps les plus reculés jusqu'à nos jours, et l'histoire des vignobles de la rive droite de la Loire, en formeront les parties principales.

L'indication des progrès apportés à la culture de la vigne et à la fabrication du vin dans ces vignobles viendra ensuite prouver qu'ils n'ont pas déchu de leur ancienne renommée.

Enfin, de l'appréciation actuelle de la qualité de ces vins et du rang qui leur est désormais assigné par les expositions, découleront les documents qui terminent ce travail.

Le 31 janvier 1874.

LES VINS BLANCS D'ANJOU

ET

DE MAINE-ET-LOIRE.

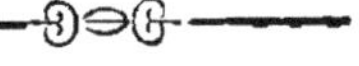

I.

PRÉCIS HISTORIQUE.

La culture de la vigne en Anjou remonte à la plus haute antiquité.

Introduite dans les Gaules longtemps avant la conquête de Jules César, où elle s'était propagée jusqu'en Auvergne, ce fut vers la fin du quatrième siècle que saint Martin en fit planter dans les environs de Tours, d'où elle se multiplia bientôt en Touraine, en Anjou, Poitou, Saintonge, etc.

Bourdigné nous apprend, dans ses Chroniques d'Anjou et du Maine (1), ce qu'au quinzième siècle étaient les vins d'Anjou :

---

(1) *Chroniques d'Anjou et du Maine,* par Jean de Bourdigné, Paris, 1529. Nouvelle édition, Angers, 1842, tome Ier, pages 22 et 23.

« De parler des vins blancs et clairets, le pays en est tellement fourny, qu'il semble que le bon père Noé ait en cette contrée fait son chef-d'œuvre, et apprins sa science aux habitants, tant pour la situation et solaige des beaux vignobles et coustaulx qui y sont, que pour la bonté, la beaulté, douceur, force et puissance des vins qui y croissent, auxquels l'ont peult attribuer les cinq conditions que doit avoir ung bon vin selon la doctrine des médecins. Lesquels en leur régime de santé disent que bons vins doivent estre *fortia*, *formosa*, *fragrantia*, *frigida*, *frisca ;* et bien est vérifié ès tertre et coustaulx dudit pays, le dict du prince des poëtes, Virgile qui dit pour une maxime que Bacchus *amat colles*. De la bonté et douceur desquelz vins font foy les Manceaulx, Normans et Bretons et autres nations qui tous les ans les y viennent quérir pour mener en leur pays et par mer et par terre, comme récite Volaterranus (1). De l'abondance et richesse dudit pays

(1) Maffray (Raphaël), surnommé *Volterran*, *Volaterranus*, savant compilateur, né en 1452, à Volterra, en

d'Anjou en bléz et en vins témoigne l'ancien poëte Appolonius, disant ces mots :

> Est juxta æquoreos urbs dura in rupe Britannos,
> Et Cereris dives et Bacchi munere plena,
> Andecavis greco sumens à nomine nomen :
> Hanc Sarronne patres regnante principe Gallos.

» Non loin de la Bretagne qu'entoure la mer, se trouve une ville située sur une roche abrupte. Cérès l'a enrichie de ses dons et Bacchus l'a comblée des siens. Elle a tiré du grec son nom d'Andecave et fut fondée sous le règne de Sarron, chef des anciens Gaulois. »

Après Bourdigné, le premier annaliste angevin, nous trouvons Hiret, que nous regardons comme son annotateur, et qui écrivait, au commencement du XVIIe siècle, les quelques

---

Toscane, mort en 1522, a laissé sous le titre de *Commentarii urbani*, en 38 livres, une espèce d'encyclopédie, traitant de la géographie, de l'histoire des hommes célèbres, et offrant un sommaire de toutes les sciences cultivées alors; ses œuvres publiées pour la première fois en 1506, in-f°, ont été réimprimées à Paris en 1526. (*Dictionnaire universel d'histoire et de géographie*, par M. N. Bouillet; Paris, 12e édition, 1857, page 1097.

mots qui suivent sur la culture de la vigne en Anjou, et sur la qualité de ses produits :

« Il y a quantité de vignes en Anjou, autour d'Angers, de Saulmur, de Doué, qui apportent des vins blancs des meilleurs de France, et du côté de la Bretaigne, et vers Chasteaugontier et Saint-Denis-d'Anjou, il y a aussi grande quantité de vignes qui apportent vins rouges qui ne sont pas si forts que les blancs (1). »

Dès le XIIe siècle, on trouve des traces du commerce actif dont Bordeaux et l'Anjou étaient redevables à leurs vins ; l'union de la Guyenne et de l'Anjou à l'Angleterre effectuée en 1153 (par suite de l'avénement de la maison de *Plantagenet* au trône d'Angleterre), mit ces provinces en rapports directs avec les consommateurs britanniques; le premier acte qui nous soit connu, relatif à l'importation des vins dans les ports d'outre-Manche, porte la date de 1154. Il fut suivi d'une foule d'autres statuts

(1) Des *Antiquités d'Anjou*, par messire Jean Hiret, angevin, docteur en théologie, curé de Challain et chapelain en l'Église de Paris, 1618.

qui se succèdent rapidement et qui démontrent quelle était déjà, à l'égard des boissons, l'importance des échanges entre les deux peuples.

C'est ainsi qu'un édit, rendu dans la première année du règne de Jean-Sans-Terre (1199), fixe à 20 sous sterling par tonneau le prix du vin de Poitou, et à 24 sous le vin d'Anjou; il limite les autres vins de France à 25 sous, à moins qu'ils ne soient si bons qu'on ne veuille en donner deux marcs et au-delà.

Henri III succéda à Jean, et sous son règne, en 1246, on voit figurer sur les comptes du chancelier de l'Échiquier une somme de 404 livres pour 404 tonneaux (*dotia*) vins de Gascogne et d'Anjou, importés à Londres et à Sandwich, et une somme de 1,846 livres pour achat de 901 tonneaux vins de Gascogne et d'Anjou (1).

Un document très-curieux peut faire comprendre l'importance de la culture de la vigne

(1) *Traité sur les vins de Médoc*, par Wm Franck, 2e édition, chap. XIV. De l'exportation des vins de Bordeaux au moyen âge, pages 204, 205 et 206.

en Anjou, au milieu du XVe siècle. C'est un mémoire rédigé par la Chambre des comptes du roi René à Angers, au mois de novembre 1450, à l'appui des doléances que ce duc d'Anjou adressait au roi Charles VII pour la réduction et la suppression des impôts. On y rencontre les passages suivants :

« . . . . . Et pour monstrer comment est vray que ledit païs d'Anjou est fondé en vinoble, qui est la plus grant part de la revenue dudit païs : et pour occasion de ladicte traicte, les vignes en plusieurs endroits du païs sont démourées en fresche, parce que le vin n'a pas sa plaine délivrance ne n'est pas amené hors le païs comme si ladicte traicte estoit cessée.

» Item cessant ladicte traite, se pourroit lever par estimation du païs d'Anjou 10 ou 12 mil pipes de vin, oultre le nombre qui communément en passe chacun an, dont l'argent demourrait au païs, qui vauldroit 50 ou 60 mil écus; et ledit vin est dépensé audit païs et donné à vil pris et ne revient que à pou de prouffit.

» Item le vin qui passe de présent à cellui qui passeroit cessant ladicte traicte, qui monteroit en nombre plus de 300 mil pipes de vin, dont l'argent et prouffit demourroit audit païs: par quoi se peut clerement veoir l'inconvénient qui par ladicte traicte vient audit païs d'Anjou.

» Item et aussi en abatant ladicte traicte, le duc de Bretaigne feroit cesser ung nouvel acquict qu'il a mis sur le vin à l'entrée de son païs de Bretaigne; et par ce moyen se vendroit toujours ledit vin plus cher audit païs d'Anjou (1). »

Olivier de Serres, dans son Théâtre d'agriculture, apprécie ainsi nos vignobles (2) :

« . . . . . Qui fait que ce royaume ne cède à l'Italie en ces singularités : en quoi l'on s'est si bien dressé, qu'autre chose que la curiosité

---

(1) *Archives d'Anjou*, par P. Marchegay, tome II, p. 311 et 312.

(2) *Théâtre d'agriculture et Mesnage des champs*, par le sieur Olivier de Serres, seigneur du Pradel. Lyon, 1675. M.DC.LXXV.

n'en fait aller chercher ailleurs le bon vin tant précieux et délicat y croît-il en divers endroits. De ceci preuve les excellents vins blancs d'Orléans, de Coucy, de Loudun en Languedoc, d'Anjou, de Baunne, etc....

» . . . . . Les friands vins clairets de Cante-Perdrix, terroir de Beaucaire, de Castelleau, de Mons-en-Giraud, de Baignols, de Montellimar, de Villeneuve-de-Bere, ma patrie, de Tournon, de His, d'Ay, d'Arbois, de Bourdeaux, de la Rochelle et autres diverses sortes croissants aux provinces de Bourgogne, d'Anjou, de Guyenne, de Gascogne, etc.....

» . . . . . Le Languedoc, la Province, la Gascogne, partie du Dauphiné, de la Guyenne, de l'Anjou et ailleurs où pour la chaleur de leurs situations, ont presque toutes les vignes basses.

» Pour particulariser les façons de planter le vignoble, nous commencerons la vigne basse, comme à elle appartenant l'honneur de marcher la première, puisque, par jugement universel, les meilleurs vins en sortent. En deux manières la plante-t-on communément : par crocettes ou maillots, et par chevelus ou sautelles : ou fossé ouvert, et à la taravelle d'aucuns appelé la *fiche* et en Anjou le *godeau*.....

» ..... Lesquels vins moins demeurent dans la cuve, plus délicats ils sont. Entre lesquels on remarque ceux ou pays d'Anjou, ou partie ne vouloir séjourner en la cuve plus de deux ou trois jours.... »

D'autres écrivains des XVIe et XVIIe siècles se sont aussi occupés de nos vins, ils offrent la plupart cette confusion d'origines, de qualités et de noms déjà signalée (1).

D'abord, écoutons Jacques Cohorry :

« Les meilleurs vins de France, vous connaissez comme moi, c'est à savoir celui de Graves, de Beaune, d'Ausserre, Bourdelois, Rochelois, d'Orléans, d'Anjou, et à l'entour de Paris il y en a pareillement de bonté exquise...

» Labruyère-Champier vante les vins de Toulouse, Bordeaux, Orléans et Angers.

---

(1) *La réputation des vins de Bordeaux dans les temps modernes*, par M. Aug. Petit-Lafitte. — *L'Agriculture*, 1858, n°s 11 et 12, pages 412, 414, 415, 456 et 457.

» Philippe Jacq. Sachs, de Levenhain, loue la force de ceux de Meudon, Ruel et Argenteuil; il dit du bien des vins d'Anjou, compare les vins du Poitou à ceux du Rhin et n'oublie ni ceux de Frontignan ni ceux de Graves.

» Pierre Gauthier de Roanne, médecin, dans un ouvrage publié en 1668, mentionne tous les vins de France alors en renom, et qui sont, dit-il, d'Orléans, de Bourgogne, de Gascogne, d'Anjou , de Champagne , des environs de Paris.... »

Pierre de Brach, poète du XVIe siècle, dans son hymne de Bordeaux, s'était exprimé ainsi :

Il dompta, sous les lois de son obéissance,
Notre pays de Graves, et lui-même soigneux
De sa main y planta tous ces grands champs vineux,
Dont les raisins pressés portent telle embroisie,
Que soit vin sec, vin grec, ou d'Andalousie,
Angevin Falernois, ou soit Malvoisien,
En piquante douceur ne s'approchent du sien.

Au XVIe siècle, le poète Ronsard a consacré à nos vins les vers suivants :

Comme on voit en ce temps aux tonneaux angevins
Bouillir en écumant la jeunesse des vins.

La compagnie française des Indes-Orientales, qui, dès le commencement de sa formation, avait fait entrer les bons vins d'Anjou pour une partie importante dans ses approvisionnements, obtint, le 18 novembre 1676, un arrêté du conseil du roi, qui déchargeait des droits de cloison les vins et les eaux-de-vie embarqués sur la Loire pour sortir de la province d'Anjou, tant par eau que par terre (1).

Dès la fin du XVIIe siècle les vins blancs d'Anjou étaient appréciés et par conséquent très-recherchés par une compagnie bien autrement puissante, et qui, poussée par le lucre qu'elle trouvait dans leur exportation, était parvenue en 1780, après la canalisation du Layon, l'un des plus minces affluents de la Loire, à le couvrir de grands bateaux, portant dans cet industrieux pays nos excellents vins qu'ils distribuaient ensuite dans ses innombrables comptoirs.

« La compagnie des Indes avait reconnu que

(1) Priviléges de la ville d'Angers, page 492.

les vins d'Anjou supportaient parfaitement la mer, et surtout qu'ils gagnaient beaucoup à la traversée ; aussi cette intelligente société résolut-elle de spéculer en grand sur les produits vinicoles des bords du Layon.

» Les bateaux hollandais, pontés et quillés, ne pouvaient parvenir qu'aux Ponts-de-Cé, vu les sables qui encombraient la Loire. Un bureau, nommé *Embargo*, fut construit dans Saint-Aubin, près le pont, au bas duquel se trouvaient de vastes pontons servant d'embarcadère; là descendaient tous les vins. Ils étaient amenés par les vendeurs dans de grands fûts appelés *pipes*, puis transvasés dans d'autres nommés *barriques*, appartenant à la compagnie.

» Les chemins étaient tellement mauvais que les huit bœufs qui amenaient chaque chargement avaient beaucoup de mal à s'en retourner. Le transport du vin était très-coûteux (dix-huit livres par pipe) : il arrivait souvent que les métayers brisaient à ce métier leur attelage et ramenaient chez eux leurs animaux exténués. Presque toujours les nombreux cahos que les pipes éprouvaient pendant le voyage, faisaient couler une certaine quantité de vin : le vendeur était obligé d'en supporter la perte, car, comme nous l'avons dit, la mesure était déterminée par la barrique hollandaise.

» Les vins de Saumur venaient par eau; la secousse du transport était moins violente; mais, pendant la traversée, le marinier avait soin de fêter beaucoup plus Bacchus que Neptune, et cela aux dépens du vendeur; il en résultait que les vins parvenaient à l'embarcadère souvent falsifiés (1).

LE CANAL DE MONSIEUR.

L'ouverture à la navigation du canal de Monsieur, qui eut lieu en octobre 1779, vint apporter d'heureux changements à cet état de chose, contribuer de la manière la plus efficace

(1) *Bulletin historique et monumental de l'Anjou*, par M. A. De Soland, 1853, 2e année, pages 22 et suivantes.

à favoriser l'exportation des vins des coteaux du Layon.

La compagnie houillère de Saint-Georges-Châtelaison, dont les produits ne pouvaient se transporter que très-difficilement, et en petites quantités, faute de voies de communications économiques, avait sollicité depuis longtemps, et obtenu dès 1737, une première concession pour la canalisation de la rivière du Layon, qui n'était aucunement navigable.

Les travaux commencés en 1740, et continués jusqu'en 1769, avaient été sans résultat. Reprise en 1773 par la même compagnie, qui venait d'obtenir une nouvelle concession, ces travaux furent encore peu importants jusqu'en 1777, qu'ils furent poussés vigoureusement, et à peu près terminés en 1779. Ce fut alors que la rivière, entièrement canalisée, reçut le nom de canal de *Monsieur*, autorisé par *Monsieur*, frère du Roi, comte d'Anjou.

Les dépenses nécessitées par les travaux de ce canal s'élevaient, en août 1779, à la somme de 960,000 livres, et celles qui paraissaient encore indispensables alors, à 213 livres. Le Layon était canalisé sur une longueur de 24,000 toises, et barré par 34 écluses.

Ce fut au milieu du mois d'octobre que l'ouverture de la navigation du canal fût annoncée dans toutes les localités intéressées à cette importante voie de communication, par l'avis suivant :

« Les travaux entrepris depuis plusieurs années pour rendre la rivière du Layon navigable, sous la dénomination de canal de Monsieur, étant portés à leur perfection, on donne avis qu'on transportera désormais, par les bateaux dudit canal, toutes denrées et marchandises susceptibles d'importation ou d'exportation; à partir du Port des Mines, situé en la commune de Concourson, en Poitou, jusqu'à Chalonnes-sur-Loire; en passant sur les paroisses de Saint-Georges-Châtelaison, Brigné, Martigné-Briand, Tigné, Aubigné, Faveraye, Thouarcé, Faye, Rablay, Beaulieu, Saint-Lambert-du-Lattay, Saint-Aubin-de-Luigné et Chaudefonds; où les habitants des villes et bourgs circonvoisins de ceux ci-dessus pourront faire rendre à tout port chargeable, à leur choix, les marchandises ou denrées qu'ils voudront y faire remonter de Chalonnes ou qu'ils désireront y faire descendre, pour les envoyer par des bateaux de Loire à d'autres destinations.

» Les vins, surtout de la côte du Layon, qui se tirent par la mer, et qui se transportaient autrefois à grands frais par terre au port de Juigné et autres, se pourront rendre désormais à Chalonnes et y être déchargés de bord à bord dans des bateaux de Loire, pour descendre droit à Nantes.

» Les négociants qui font le commerce des vins pour Laval, Châteaugontier, Craon, Segré, le Lion-d'Angers, Sablé, Châteauneuf, Durtal et autres lieux situés sur les rivières de Mayenne, Sarthe et Loir, pourront les faire transporter par les mêmes bateaux du canal de Monsieur jusqu'à Angers, sans aucun déchargement ; d'où il résultera une très-grande diminution de dépenses.

» On s'adressera pour cela, à M. Lemoine,

garde-magasin et receveur des droits du canal, à Chalonnes; à M. Lefebvre, inspecteur de la navigation à Thouarcé; ou à M. Renou, directeur dudit canal, au château des Mines, paroisse de Saint-Georges-Châtelaison.

» On prendra avec les personnes qui se présenteront tous les arrangements possibles, pour qu'elles jouissent de l'avantage d'une entreprise faite pour le bien public et sous la protection du Gouvernement; et on ne négligera rien pour la plus grande conservation de leur marchandise (1). »

« La navigation fut immédiatement inaugurée sur le canal à peine terminé, et prit une grande activité. Elle se faisait principalement sur de grands bateaux plats que s'était procurée la compagnie, qui en avait même fait venir de Digoin.

» La société des mines avait tellement hâte de profiter de la nouvelle voie de communication pour l'expédition de ses charbons qui se

---

(1) *Affiches d'Angers* du 15 octobre 1779, page 168.

faisait à grands frais par Saumur, qu'elle en dirigea sur Chalonnes sitôt que l'avancement des travaux de canalisation le lui permit. Ainsi, pendant les huit derniers mois de 1777, la quantité de 27,905 boisseaux de charbon avait été envoyée par le canal. Dans l'année 1778, ces exportations s'étaient élevées à 126,662 boisseaux et étaient retombées à 115,366 boisseaux en 1779.

» Les fournitures pour la marine de l'État, qui antérieurement ne se faisaient que par Saumur, suivirent simultanément cette ancienne route et le canal. Elles s'élevèrent, en 1779, à la quantité de 137,777 boisseaux; et, en 1780, à celle de 158,400 boisseaux pour les ports de Brest, Lorient, Rochefort, le Hâvre et Indret.

» La navigation du canal suivit paisiblement son cours au grand avantage de la contrée et surtout des importants vignobles qu'il traversait jusqu'en 1792, que les travaux ayant été en partie détruits par ordre de l'autorité militaire, pour empêcher les communications d'une rive à l'autre du Layon.

» Cependant il paraît, d'après la correspondance, que la navigation du Layon put encore avoir lieu accidentellement pendant l'année suivante (1). »

Depuis, les belles voies de communication qui sillonnent cette fertile contrée, permettent de donner toute l'extension possible à l'exportation de ses produits.

La majeure partie des vins qui transitaient par la ville d'Angers, étaient dirigés sur les magasins Saint-Jean, pour y être rebattus et ensuite transbordés sur les gabarres qui devaient remonter nos rivières et les rendre à destinations.

LES MAGASINS SAINT-JEAN.

Ces magasins qui étaient une dépendance de l'Hôtel-Dieu, se trouvaient entre les buanderies et les remparts de la ville, sur le bord de la rivière, à laquelle ils avaient accès par une rampe construite près de la tour Guillou.

---

(1) *Essai historique sur le canal de Monsieur, en Anjou,* par Guillory aîné, 1864, pages 16 et suivantes.

Les magasins Saint-Jean recevaient en entrepôt les bois merrains, cercles, boissellerie, etc., expédiés par les marchands des départements voisins, pour l'approvisionnement de nos vignobles. C'était là que se tenaient les marchés de ces matériaux à l'époque de nos grandes foires, et que venaient s'approvisionner les tonneliers et boisseliers de notre contrée.

C'était dans ce vaste entrepôt qu'à l'époque des expéditions de nos vins, les barriques, transportées par les bateaux de la Loire, étaient rebattues et consolidées pour être rechargées sur les gabarres de la Sarthe, de la Mayenne, du Loir et de l'Oudon.

Dans les bonnes années où nos vins blancs s'exportaient en quantités considérables, il se produisait, à l'époque des expéditions, un tel mouvement dans les magasins Saint-Jean, que pour ne point entraver les chargements, il fallait, pour exécuter rapidement ces rebattages, faire appel aux tonnelliers alors disponibles de tous nos vignobles.

Ce travail se faisant aujourd'hui aux vignobles mêmes, l'entrepôt d'Angers en a perdu les avantages qu'il en retirait autrefois.

L'Hôtel-Dieu, ayant eu besoin d'utiliser le local de ces magasins, qui lui appartenait, pour y établir un séchoir, près les buanderies, il a fallu, au commencement de ce siècle, transporter ailleurs le marché forain des bois merrains, cercles, boisselerie, etc.

Etabli d'abord à peu de distance des magasins Saint-Jean, en dehors des remparts, sur un terrain affecté à une vaste blanchisserie de toiles, cet important centre d'affaires fut ensuite divisé en deux établissements, tels qu'ils existent encore de nos jours, sur les quais du faubourg de Reculée.

Le célèbre praticien Andry, dans une *dissertation sur les vins*, en 1750, appréciait ainsi les nôtres :

« Les vins d'Anjou sont blancs, doux et fort vineux. Ils se gardent assez longtemps, et sont meilleurs un peu vieux. »

En 1765, à l'époque où l'exportation de nos vins blancs leur procurait des débouchés con-

2

sidérables dans les Pays-Bas et la Hollande, M. Drapeau, de Saumur, signala à l'attention du Bureau d'agriculture d'Angers, ce fait fâcheux que, tandis que les Flamands s'efforçaient de conserver à nos vins qu'ils avaient achetés leurs qualités naturelles, ces mêmes vins lorsqu'ils restaient au vignoble avaient presque perdu leur principal mérite en moins d'une année.

M. Drapeau croyait devoir attribuer la cause de la modification que les vins des coteaux subissaient en vieillissant dans les tonneaux, à ce que, avec le temps, le tartre en fixait les sels, auparavant raréfiés. Ainsi, il pensait que si les vins étaient mis en bouteilles de bonne heure (en février), n'étant plus en contact avec l'air, ils se maintiendraient doux, coulants et agréables pendant sept ou huit ans; tandis que, dans le cas contraire, si on laisse la fermentation s'achever dans les tonneaux, et si on attend sept et huit mois à les mettre en bouteilles, le tartre et les parties terreuses en repos fixent les sels volatils qui n'ont eu la force que d'exalter médiocrement l'huile.

Pour éviter la casse lors de la mise prématurée en bouteilles, M. Drapeau conseillait une liqueur dont il avait fait l'expérience en février 1760, sur des bouteilles de verre blanc fort mince.

Il insistait à ce propos sur la difficulté de clarifier ces vins souvent peu sensibles à la colle de poisson, c'est pourquoi il recommandait les soutirages précoces, afin qu'on puisse les laisser reposer au moins un mois avant la clarification à la colle de poisson, ou aux copeaux de hêtre. C'est en procédant à cette opération que M. Drapeau conseillait d'ajouter dans chaque barrique un demi-verre de la liqueur dont il avait indiqué la recette. Il affirmait qu'ainsi préparé, le vin ne brisait aucune bouteille, la liqueur ayant la vertu de modérer la fermentation qui fait éclater les bouteilles quand elle continue trop violemment. Il en résulte seulement que ce vin mousse fort peu (1).

---

(1) Observations pratiques sur la culture de la vigne et la fabrication du vin, présentées au Bureau d'agriculture d'Angers le 25 mars 1765, par M. Drapeau, de Saumur. Bulletin de la Société industrielle, 25e année (1854), p. 188 et 189.

Voici maintenant ce qu'a écrit l'illustre Bosc sur les vignobles de l'Anjou (1).

« Les vins d'Anjou croissent dans les schistes, et je sais par expérience combien ils sont bons. Ce sont des vins blancs, que leur caractère sucré et pétillant rapproche beaucoup de ceux de Côte-Rôtie, de Saint-Peray et autres voisins.

» On ne cultive en général dans le département de Maine-et-Loire que le pineau blanc. Les cantons où l'on fait le vin rouge sont Champigny-le-Sec près Saumur, et Allonnes près Bourgueil. Depuis vingt ans quelques particuliers ont commencé, dans les vignobles blancs, à cultiver du plant venu du Bordelais, dont on obtient d'assez bon vin rouge; mais la vigne blanche est toujours en proportion de cinq à six avec le vin rouge ordinaire connu dans le pays. Elle produit un raisin très-doux, à grains très-écartés, d'une bonne conservation, mais

---

(1) *Nouveau cours complet d'agriculture*, par les membres de la section d'agriculture de l'Institut de France. Paris, Deterville, 1809, tome XIII, articles *Vignes*, p. 462, 551 et 552.

en trop petite quantité pour avoir la vogue. On trouve encore, clair-semées dans les vignes blanches, différentes sortes de raisins, entre autres une espèce nommée *gois* dans le pays ; c'est un grain très rond, fort transparent, doux au goût, mais avec fadeur, et en général plus séduisant à la vue que le pineau. Cette espèce se perd peu à peu, quoiqu'elle donne beaucoup ; il ne faut pas la regretter, le vin qui en vient n'étant pas généreux.

» Tous les terrains sont connus en Maine-et-Loire, excepté le granitique ; tous reçoivent la vigne. Les meilleurs crus sont les coteaux de Saumur (le fond est tuf), les cantons de Faye, Rablay et environs (le fond est calcaire souvent argilleux et coquillier) ; et enfin les cantons de Savenières (dont le nom dérive, dit-on, de *sapor vini*) et d'Épiré, là où se trouve la Coulée de Serrant, petit clos sur le penchant d'une colline escarpée, qui donne le meilleur vin de Maine-et-Loire ; le fond de ces derniers cantons où croît le vin le plus généreux est partout schisteux. Le rocher est souvent à fleur de terre et même tellement à découvert qu'on n'y plante rien. Les aspects de ces bonnes vignes sont en général tous dans le midi, plus ou moins direct..... »

L'abbé Poncelin dans l'appréciation des différents vins dont on fait usage en Europe, dit (1) : « Les vins d'Anjou sont blancs, doux et fort vineux ; ils se gardent assez longtemps et sont meilleurs un peu vieux. »

A. Jullien, dans sa Topographie des vignobles, s'exprime ainsi au sujet des vins blancs de première classe du département de Maine-et-Loire (2) : « Les coteaux bien exposés du territoire de Saumur produisent des vins blancs corsés, très-spiritueux, et qui supportent bien le transport par mer; ils ont de la finesse et du bon goût ; mais ils manquent de bouquet et sont très-capiteux.

» Savenières, à 2 lieues 1/4 sud-ouest d'An-

(1) *Le Parfait Vigneron, ou l'Art de faire, d'améliorer et de conserver les vins.* Paris, 1782.

(2) *Topographie de tous les vignobles connus*, par A. Jullien, Paris, 1816.

gers, fait des vins de même espèce et qui sont peu inférieurs à ceux des coteaux de Saumur.

» Ces vins de première classe peuvent être considérés comme vins d'ordinaire de première qualité. »

En ce qui concerne la qualité, voici comment un œnologue justement estimé, Cavoleau, apprécie les vins d'Anjou (1) : « Dans tout le département, excepté à Saumur, il ne se fait que du vin blanc. Dans l'arrondissement d'Angers, les vins de première qualité sont ceux des coteaux schisteux du Layon, dont le prix moyen est de 27 francs. Viennent ensuite les vins des coteaux de la Loire, dont plusieurs cependant sont mis au rang des plus recherchés...

» Les vignobles qui produisent les qualités supérieures sont ceux de la Coulée de Serranf et de la Rousselière, commune de Savenières....

---

(1) *Œnologie française*, par M. Cavoleau. Paris, 1827, p. 191 et 192.

» Ces vins ne peuvent, sans se détériorer, rester plus d'une année en futailles. Lorsqu'on désire qu'ils sentent le goût de fruit et qu'ils aient de la douceur, on les met en bouteilles aux mois de février ou de mars pour les avoir mousseux; mais alors on doit avoir la précaution de laisser les bouteilles debout pendant près d'un an. Leur durée en bouteilles peut aller jusqu'à 25 et 30 ans.

» Les vins d'Anjou dont nous venons de parler sont le produit du pineau blanc.

» Les bons vins d'Anjou ne sont pas estimés ce qu'ils valent. Il est peu de vins en France qui leur sòient préférables. »

M. Victor Rendu, dans son Ampélographie, pour laquelle il a été fait de si grands frais par l'État, s'est peu occupé de notre vignoble, dont, paraît-il, il n'a pas été à même d'apprécier l'importance; il lui consacre les quelques lignes suivantes, sous le titre *Vins blancs des coteaux de Saumur* (1) : « Le vin blanc des

---

(1) *Ampélographie française*, par M. Victor Rendu, inspecteur général de l'agriculture, 2e édition, in-8°, Paris, 1857.

coteaux de Saumur fait partie des vins désignés dans le commerce sous le nom générique de vins d'Anjou. Les produits les plus estimés de cette ancienne province se rencontrent sur les bords du Layon; ceux des environs de Saumur, dans les cantons de Saumur sud et de Montreuil-Bellay, bien qu'au dessous de leur vieille réputation, en sont sans contredit la tête; prééminence qu'ils doivent, d'une part, au sol argilo-silico-calcaire, à une excellente exposition et aux pinots de la Loire; de l'autre, aux soins particuliers dont la vigne et la fabrication du vin sont l'objet dans cette portion du département de Maine-et-Loire.

» . . . . Les vins de Saint-Aubin-de-Luigné, Rochefort et Savenières, près d'Angers, se rapprochent beaucoup de ceux des coteaux de Saumur; on distingue particulièrement les vins de la Coulée de Serrant, sur le territoire angevin, à l'exposition du sud-ouest et dans un fond argileux. »

M. le docteur Guyot, dans ses études des vignobles de France, classe ainsi nos vignobles :

« Les vins distingués d'Angers sont recueillis, sur la rive droite de la Loire, à Savenières, à la Roche-aux-Moines, à la Pointe, à Epiré ; mais le plus renommé de ces vignobles est celui de la Coulée de Serrant. La Possonnière, la Rousselière, donnent aussi de fort bons produits.

« C'est, au contraire, sur la rive gauche de la Loire que sont produits les bons vins de Saumur, Champigny et Neuil, pour les vins rouges ; les Clos Morains, pour les vins rouges et blancs, tiennent le haut de l'échelle. Distré, Chacé, Turquant, Varrains, et la plupart des vignobles environnant Saumur, donnent, avec ceux de Rablay, Martigné-Briand, Beaulieu, Faye et la plupart des crus échelonnés le long de la rivière du Layon, de très-bons vins blancs qui ont fait et soutiennent la réputation de Maine-et-Loire (1). »

Un savant éminent, dont les travaux œnologiques ont eu une grande importance pour

(1) *Études des vignobles de France*, tome II, p. 615.

notre contrée, Sébille-Auger, a ainsi apprécié le vignoble de Maine-et-Loire (1) :

« La vigne est, dans notre département, une culture d'autant plus importante, qu'elle y attire des capitaux considérables. On évalue à environ 30,000 hectares la surface cultivée en vignes, dont le produit est de 500,000 hectolitres de vin, représentant une valeur de neuf millions de francs. Plus du tiers de cette somme est payée par l'exportation.

» La plus grande partie de nos vins sont blancs. Les vins rouges sont en petite quantité; on n'en récolte que dans l'arrondissement de Saumur, et il en est peu exporté. Par cette raison, je parlerai ici plus particulièrement des vins blancs, et me bornerai à quelques observations sur les vins rouges.

» On peut diviser nos vins blancs en deux grandes classes : *Vins pour la mer*, ce sont les

---

(1) *Mémoire sur les vins du département de Maine-et-Loire, et sur les moyens de les améliorer dans les mauvaises années*, par M. Sébille-Auger, 1820.

premiers vins, et *vins pour Paris*, ce sont les seconds......

» La dénomination de *vins pour Paris* a été donnée à ceux de la dernière classe, parce qu'ils sont en grande partie achetés par les Parisiens, qui ne peuvent mettre à nos vins de première classe le prix que nous en trouvons ailleurs. Presque tous les vins blancs de notre pays qui vont à Paris y sont employés à faire des vins rouges, au moyen de leur mélange avec des vins du Midi. Les Parisiens appellent les mélanges, des cuvées; ils ont trouvé que nos vins s'allient très-bien avec ceux du Midi, et ils en feraient une bien plus grande consommation si les frais d'achat et de transport n'élevaient souvent le prix de nos vins au-dessus de celui auquel leur reviennent les vins que la Touraine, le Blaisois et surtout la basse Bourgogne fournissent à Paris en grande quantité.

» Nos vins de première classe ont reçu le nom de *vins pour la mer*, parce qu'autrefois ils étaient tous achetés par des négociants de la Hollande et de la Belgique, qui les embarquaient à Nantes. Mais actuellement les vins de Bordeaux remplacent souvent les nôtres ; ce n'est plus que dans les bonnes années que l'on reçoit des commissions pour les Pays-Bas. Le plus souvent, nos premiers vins sont exportés dans les départements voisins, par exemple dans ceux de la Sarthe et de la Mayenne, où déjà même ils ont quelquefois à lutter contre les vins de Bordeaux. La facilité de l'arrivage de ces vins, par l'entremise des petits ports de la Bretagne, a créé cette concurrence, et nous ne pourrons la soutenir qu'en nous attachant à donner aux nôtres toute la qualité dont ils sont susceptibles, et particulièrement la blancheur, le corps et surtout la douceur que recherchent spécialement nos consommateurs. Dans les bonnes années, nos vins ont naturellement ces trois qualités, mais ils manquent des deux dernières dans les mauvaises et même dans les médiocres. Sans vouloir prétendre que l'on peut faire de bon vin dans les plus mauvaises années, je puis au moins assurer qu'il est toujours possible d'améliorer celui que donnent les années froides et pluvieuses. »

M. Sébille-Auger s'est dévoué à soutenir cette thèse, et nous croyons qu'il a puissamment contribué par ses écrits, ses conseils et ses exemples, à améliorer dans nos vignobles cette industrie agricole.

A l'appui de l'indication qu'il fournit sur l'emploi de nos vins blancs de deuxième classe par les Parisiens, je crois devoir placer ici un extrait sur l'*Art de couper les vins*, dû à Rougier de la Bergerie, agronome distingué (1) : « Un vin blanc d'un crû trop substantiel ou d'un autre trop chargé d'engrais, ne peut jamais se décharger assez pour laisser prendre au vin rouge une couleur nette et homogène ; et ce vin, ainsi allié, est prompt à graisser; mais un vin blanc qui vient d'un sol léger et crayeux, est excellent pour couper; il donne aux vins épais et chargés du Midi une couleur vive et brillante ; ils semblent faits l'un pour l'autre ;

(1) *Essai sur l'art de faire le vin*, par le baron Rougier de la Bergerie. Paris, 1821, pages 134 et 135.

et, coupés dans de justes proportions, le vin est infiniment meilleur à boire qu'ils ne le seraient l'un et l'autre séparément. En Bourgogne, le vin de Saint-Brix a une grande réputation pour couper les vins rouges; les *petits vins blancs d'Anjou* sont presque tous destinés à cet usage en France et dans l'étranger. »

Les extraits suivants d'un mémoire au Conseil d'Etat, contre des mesures administratives prises en l'an XII sur le commerce des vins, dans les départements de la Belgique, peuvent faire apprécier l'importance des débouchés offerts autrefois dans cette contrée à nos vins :

« Si donc chaque pays a sa production de préférence; si les coteaux de la Loire ne sont favorables qu'à la culture des vins blancs, et si ces vins forment une branche importante de commerce, il faut donc maintenir cette nature de production là où rien autre chose ne peut être cultivé avec avantage; mais pour la maintenir, il faut qu'elle ait un débouché assuré, il ne faut pas lui fermer celui qu'elle a, car l'industrie cesse et la terre devient inculte du moment où le propriétaire et le commerçant n'ont plus l'espoir d'un produit analogue à leurs dépenses et à leurs risques.

» Ces vins blancs, et particulièrement ceux des coteaux, sont distingués par deux qualités précieuses : 1° par leur force, qui favorise leur transport et leur conservation; 2° par leur liqueur, qui en provoque la recherche, et qui l'a surtout provoquée depuis des siècles dans la Belgique, où jusqu'à la Révolution il n'était consommé que des vins blancs.

» Il faut admirer sans doute cette intelligence suprême qui divise et répartit également ses bienfaits, qui a coordonné toutes choses de manière que rien des productions de la terre n'est inutile, et que chaque pays offre des objets de préférence. Les goûts, non moins variés que les productions, ajoutent encore à la sûreté de la consommation générale, et c'est cette sage distribution qui faisait que les vins blancs, dédaignés en France, étaient si recherchés en Belgique, et que la Belgique avait une répugnance invincible pour les vins rouges (1). »

Ces renseignements généraux, puisés à des sources nombreuses, me paraissent suffisants pour bien faire apprécier ce qu'ont été, ce que sont et ce que peuvent devenir les vins blancs d'Anjou ; je m'occuperai d'abord *des vignobles de la rive droite de la Loire*, que j'ai été plus à même d'étudier personnellement, afin de faire connaître les ressources qu'ils peuvent présenter au propriétaire, au commerce et à la consommation.

---

(1) Mémoire au Conseil d'État dans l'intérêt de tous les propriétaires de vins blancs et eaux-de-vie, des vignerons de la ville de *Saumur*, et des communes rurales de *Brézé, Parnay*, *Souzay*, et autres environnantes ;

Et encore de tous ceux des villes d'*Orléans*, *Blois, Tours*, *Angers*, *Nantes* et autres communes vignobles des coteaux de la Loire ; rédigé par M. Martineau, avocat à la Cour de cassation et au conseil des prises.

II.

LES VIGNOBLES

DE LA RIVE DROITE DE LA LOIRE.

Suivant Bidet et Duhamel de Monceau, voici la description de cette contrée au milieu du dernier siècle, il y a plus de 110 ans (1) : « Les coteaux qui règnent le long de la Loire, des deux côtés de cette rivière, forment les différents vignobles de l'Anjou ; ces coteaux sont à 1/2 lieue ou 1/4 de lieue de distance les uns des autres, à commencer depuis Angers jusqu'à 7 ou 8 lieues par delà, vers la Bretagne. Ce ne sont que rochers, autrefois absolument stériles, occupés par des broussailles, des halliers et de vieux arbres ; ce qui rendait tout le pays inaccessible et impénétrable, et en faisait

(1) *Traité sur la nature et sur la culture de la vigne, sur le vin, la façon de le faire et la manière de le bien conserver*, 2e édition, par M. Bidet, revue par M. Duhamel de Monceau, 2 vol. in-12. Paris, 1749, tome 1er, pages 112 et 113.

la retraite de toutes sortes de bêtes fauves ou d'animaux venimeux. Le terroir, très-difficile à défricher, est maintenant parfaitement cultivé et tout planté en vignes, jusqu'à l'endroit où le coteau commence à s'aplanir et se retourner du côté du nord, ce qui va à 1/4 de lieue ou 1/2 lieue d'étendue.

» Les coteaux du côté droit de la Loire, en descendant pour aller à Nantes, se présentent au midi, et par conséquent le vin y est meilleur et plus fort que celui du côté gauche, où cependant il y a des vignobles situés dans le déclin des rochers, de l'autre côté de la rivière, où il s'en récolte de très-bon (1).

» Dans l'Anjou on se sert dans le fond, où le roc est peu couvert de terre, d'une terre neuve béchée dans un pré, dans un fossé ou partout ailleurs où on en trouve, qu'on assemble dans quelque endroit où on la met pour la mûrir une année ou deux, pendant lesquelles on la remue deux ou trois fois. Si le fond est

---

(1) Bidet et Duhamel de Monceau, tome 2e, page 184.

aquatique, on y met moitié de fumier de cheval, qui est celui dont on se sert ordinairement, qu'on mêle bien et que l'on brasse ensemble (1).

» Dans les vignobles d'Anjou, la vigne se taille très-court. Le vigneron commence par retrancher le bois superflu qui pousse au pied du cep, avant de tailler les branches qui sont en haut, auxquelles il ne laisse qu'un bon doigt de hauteur au plus, en sorte qu'il y ait toujours trois yeux qui grossissent à mesure que la saison s'avance..... (2).

» Le grand commerce des vins d'Anjou se fait avec des marchands de Nantes pour la Hollande et pour la Flandre, et paye au bureau d'Ingrandes 21 livres par pipe, ce qui fait deux busses qui sont de la même mesure que les poinçons d'Orléans; il se fait encore un grand débit de vins d'Anjou pour Laval, le bas Maine et la frontière de Normandie contiguë au bas Maine (3). »

---

(1) Bidet et Duhamel de Monceau, tome 2e, page 275.
(2) Bidet et Duhamel de Monceau, tome 2e, page 335.
(3) — — pages 279 et 280.

LA COULÉE DE SERRANT.

Les vins de la Coulée de Serrant ont été vantés souvent par les auteurs que j'ai cités.

Voici, d'après une notice manuscrite rédigée par feu M. F. Gaultier, membre du comité d'œnologie de la Société industrielle, des renseignements *sur le clos de vignes et la fabrication du vin dit de la Coulée de Serrant*, il y a vingt-cinq ans :

« Parmi les premiers crus des vins blancs d'Anjou, se distingue celui de la *Coulée de Serrant*, qui doit la célébrité dont il jouit à sa grande supériorité, non-seulement sur tous les vins de la contrée, mais aussi sur beaucoup, pour ne pas dire la plupart des vins blancs les plus renommés de France.

» Admis et recherché sur la table impériale, où il fut introduit par Madame de Serrant, dame d'honneur de l'impératrice Joséphine, il acquit alors une grande réputation dans les hautes régions de la société parisienne.

» Le clos dit de la Coulée de Serrant n'excède pas six hectares. Sa situation sur le versant méridional d'un délicieux coteau bordant la rive droite de la Loire, à douze kilomètres d'Angers, est très-avantageuse et très-pittoresque. Le raisin y acquiert une maturité parfaite, sans être obligé d'être découvert, comme cela a lieu très-souvent ailleurs, en enlevant une partie des feuilles de la vigne à l'arrière-saison.

» Le sol, comme celui de toute la contrée, est schisteux, mêlé d'un peu de quartz et de mica. On donne deux labours faits à bras avec un instrument à deux doigts plats recourbés et longs d'environ 60 à 70 centimètres. Cet instrument, auquel on adapte un manche long d'environ 80 centimètres, s'appelle *tranche* dans le pays.

» On taille la vigne à un ou deux nœuds seulement, selon la grosseur du bois et la vigueur du cep. On ne fait point usage d'échalas.

» Jamais on ne met du fumier; on se borne

à remonter dans les parties hautes les terres que les eaux pluviales ont entraînées dans le bas par l'effet de l'escarpement du sol.

» Le clos de la Coulée de Serrant se compose de trois parties, divisées par des allées dans le sens horizontal. La partie du milieu est celle où l'on recueille le vin d'élite. On choisit pour cela les grappes qui ont acquis une complète maturité; on les met dans un cuvier très-large et n'ayant qu'environ 60 à 70 centimètres de profondeur; ensuite on remue légèrement la vendange avec un trident en fer, de manière à ce que les grains qui ne sont pas complétement mûrs restent attachés à la grappe. Le jus qui découle ainsi naturellement, c'est-à-dire sans que la vendange ait été pressée, est mis dans les tonneaux, où il fermente et reçoit les soins que l'on donne habituellement dans le pays; il est ouillé ou rempli tous les jours pendant tout le temps que dure la fermentation.

» Très-peu de temps après que le vin a cessé de fermenter, on en sépare la grosse lie par un premier soutirage, en ayant bien soin de mécher le tonneau avec du soufre; cette opération se renouvelle quatre fois jusqu'au mois de juin, époque où l'on met le vin en bouteilles après l'avoir collé avec beaucoup de soin.

» L'expérience a démontré que si l'on attend plus tard, le vin perd une partie du goût de fruit si recherché en Anjou par les gourmets, et qui caractérise les bons vins blancs de cette contrée. »

Plus récemment, c'est-à-dire en 1842, M. Auguste Petit-Lafitte, délégué par la Société d'agriculture de la Gironde au congrès des vignerons d'Angers, en rendant compte de son voyage, donnait des renseignements sur les *vignobles de la rive droite de la Loire*, qu'il avait visités. Voici comment s'exprimait cet observateur si compétent : « La vigne sur les coteaux qui bordent la rive droite de la Loire, depuis l'embouchure de la Maine, dans la direction de Saint-Georges sur-Loire, est plantée dans un terrain argileux, très-accidenté, résultant de la roche schisteuse sur laquelle il repose immédiatement et dont il renferme de nombreux fragments. Ces vignes sont disposées en rangées plus ou moins distantes ; leur culture se fait à la main, et le *gros pineau* ou *chenin* est le cépage qui en fait le fond. Du reste elles sont peu robustes, ce qui est cause qu'en général on ne les multiplie pas par provins, et ce qui n'empêche pas cependant qu'on ne les charge beaucoup et qu'elles ne donnent souvent en grande abondance les vins blancs et très-capiteux qu'on en obtient.

» Lorsque ces vignes sont taillées à un ou deux nœuds, elles donnent des vins liquoreux et délicats, recherchés pour la Belgique ; à cinq, six ou sept nœuds, leur produit est abondant, mais beaucoup inférieur en qualité.

» Des terres, des composts servent à fumer, à *graisser* ces vignes, selon l'expression locale. Les périodes de fumaison sont à peu près les mêmes que parmi nous.

» ..... Dans les vignes de la commune de Savenières, et probablement de toute la contrée, c'est l'*aristolochia clematitis*, la plante sauvage que nous avons rencontrée en très-grande abondance.

» La fabrication du vin a fait dans l'Anjou en général de véritables progrès, ainsi que le témoignent notamment les nouveaux pressoirs, beaucoup plus énergiques et d'une manœuvre beaucoup plus rapide, que l'on substitue aux anciens pour le pressurage du vin blanc : le pressoir Réveillon, le pressoir Benoît ou Troyen, etc.

» *Les raisins blancs*, dit le savant œnologue M. Sébille-Auger, dans un travail reproduit par le compte-rendu du congrès, *sont portés au pressoir et le* CEP *formé sans qu'on ait recours au foulage. Il est bien reconnu que cette opération nuit à la qualité du vin. Outre l'inconvénient d'écraser quelques pépins, de déchirer les rafles et les pellicules, il y a encore celui d'écraser les grains verts qui, malgré le tri fait à la vigne, se trouvent encore dans quelques grappes. En ne foulant point, ces grains restent entiers et ne laissent point aller le jus qu'ils contiennent.* Ces pratiques diverses, nous les avons vues s'effectuer sous nos yeux, nous avons vu procéder d'après l'ancienne et d'après la nouvelle méthode (1). »

LES VIGNOBLES DES COTEAUX DU LAYON.

Moins familier avec ces crus, j'emprunterai les citations que j'en vais faire à la consciencieuse étude de Leclerc-Thouin.

« La culture de la vigne dans les pays de Beaulieu, Faye, Rablay, Thouarcé, Chavagnes, comme celle des crus moins estimés de la même région; celle des deux rives de la Loire, depuis l'embouchure du Layon, en remontant vers la Maine et en descendant vers Champtoceaux; celle des coteaux du Loir, celle des cantons qui s'étendent au nord d'Angers, celle enfin de tout l'ouest du département, diffèrent essentiellement de la culture de l'est, par un point capital, l'absence des paisseaux et des échalas.

(1) *L'Agriculture comme source de richesse.* Bordeaux, nov. 1842.

» Dans d'autres contrées, la vigne est cultivée en plein ou en larges planches, à des distances proportionnées au développement que pourront prendre les souches. La forme des ceps destinés à croître sans supports, est nécessairement différente de celle des vignes échalassées.

» Sur les rives du Layon, on estime particulièrement les vignobles de Faye, de Rablay, de Chavagnes, de Thouarcé, de Beaulieu et d'une partie de Brigné. Ce sont eux qui approvisionnent en grande partie le nord-ouest du département et celui de la Mayenne ; aussi, les propriétaires peuvent-ils, sans inconvénients pécuniaires, viser plutôt à la qualité qu'à la quantité. Ils évitent soigneusement de mettre des fumiers dans leurs vignes ; ils taillent court, ils plantent à des distances plus considérables que les vignerons et les petits propriétaires, et ils cherchent enfin à obtenir un prix avant de chercher à vendre beaucoup.

A mesure qu'on s'éloigne des côtes du Layon, vers le nord ou le sud, on trouve des vins de moindre qualité; tels sont, dans la première direction, ceux de Brissac, des Alleuds, Chacé, de Saint-Ellier, Saint-Remy, Saint-Sulpice, Saint-Jean-des-Mauvrets, Saint-Saturnin, etc.; et, dans la seconde, ceux du Puy-Notre-Dame, de Vaudelenay, de Saint-Macaire et d'une partie de Montreuil-Bellay, etc., etc. Dans les années de récoltes abondantes, on a vu les vins des deux premières localités se vendre, rendus à Saumur, pour la capitale, où ils jouent un grand rôle dans les mélanges, à raison de 15 fr. seulement en fûts neufs. Ils ne dépassent pas en moyenne les prix de 20 à 25 francs ; on les appelle dans le pays, *vins pour Paris.*»

LES VIGNOBLES DES COTEAUX DE SAUMUR.

« Les bons vins des coteaux de Saumur, dit le même œnologue, sont, par opposition, désignés sous le nom de *vins pour la mer*, parce qu'on les expédie en Belgique et en Hollande. Dans le canton de Saumur sud, tous les vignobles de première qualité sont situés sur les communes de Montsoreau, Turquant, Parnay, Souzay, Dampierre, Varrains et Chacé. Dans le canton de Montreuil-Bellay, on les rencontre seulement sur le territoire de Saint-Cyr, Brezé et Saint-Martin-de-Souzay. Les crus les plus renommés de ces diverses localités, sont : à Monsoreau, le clos du même nom ; à Turquant, les *Rotissants*, les clos *de la Fessardière et de la Vignole ;* à Parnay, plusieurs morceaux sans noms particuliers ; à Souzay, le *champ Chardon*, le *Sang de bœuf*, les *Challonges ;* à Dampierre, le clos *Morins* ou *la Corde, les Fiefs-Garniers et les Ferronnières ;* à Varrains et à Chacé, *les Poyeux ;* à Saint-Cyr, *le clos de la Ferrières* et quelques autres ; à Brezé et à Grandponds, plusieurs morceaux sans désignation spéciale (1). »

Je ne crois devoir placer ici la description du cépage, qui est pour nous la source

(1) *L'agriculture de l'Ouest de la France étudiée plus spécialement en Maine-et-Loire*, par O. Leclerc-Thouin. — Paris, Ve Bouchard-Huzard, 1843.

féconde du riche produit de notre vignoble. Je l'emprunte à notre illustre ampélographe, M. le comte Odart, dont l'important ouvrage jette une si grande lumière sur la nature et le mérite de tous les cépages connus.

LE PINOT DE LA LOIRE.

« *Le gros pinot, chenin* des bords de la Loire. Ce cépage est sans contredit l'un des plus cultivés en France, et il le mérite, tant par la qualité de ses produits que par leur abondance. J'ai lu quelque part que les rois d'Angleterre, de la maison des Plantagenets, consommaient habituellement à leur table des vins d'Anjou.

» Toutefois ces deux avantages d'abondance et de qualité ne se produisent pas simultanément ; la qualité succède à l'abondance, et encore dans certains sols à fonds argileux et dans des expositions où la maturité requise puisse s'opérer. C'est même une condition essentielle de ne prendre la vendange qu'à une maturité outrepassée, telle que celle qu'elle atteint quelquefois vers la Toussaint, quand la pellicule, attendrie par les pluies, tombe en sphacèle ; mais il faut en outre que la température des derniers mois soit chaude. C'est particulièrement à ce cépage que les bons vins blancs de la Loire, qui s'exportent en Belgique et en Hollande, doivent leur réputation.

» La grappe est ailée, pyramidale, allongée, bien garnie de grains oblongs de moyenne grosseur, d'un jaune roussâtre du côté du soleil, et couvert de points roux. La grosseur de la grappe varie beaucoup selon l'état, l'âge de la souche et la sorte de taille qu'on lui fait subir. Quelquefois le volume en est énorme, mais dans cet état le goût n'en est pas fin (1) »

D'après une statistique dressée en 1846, par la régie des contributions indirectes, la vigne occupait alors dans le département de Maine-

(1) *Ampélographie universelle ou traité de tous les cépages les plus estimés dans tous les vignobles de quelque renom*, par le comte Odart, 2e édition, Paris, 1849, page 138. La 4e édition est parue.

et-Loire une contenance de 29,376 hectares 92 ares, répartis ainsi :

Dans l'arrondissement d'Angers. .	10,062 hect.	69 ares.
Dans l'arrondissement de Baugé. .	3,604 —	10 —
Dans l'arrondissement de Cholet. .	2,610 —	47 —
Dans l'arrondissement de Saumur.	12,715 —	24 —
Dans l'arrondissement de Segré. .	384 —	42 —
	29,376 hect.	92 ares.

Le ministère de l'agriculture a publié en janvier dernier l'état des quantités approximatives des vins récoltés en 1873, comparées avec les produits de l'année précédente, et ceux d'une année moyenne : j'y emprunte ce qui concerne notre département.

Le nombre d'hectares plantés actuellement en vignes y est de 32,439 hect., ce qui indiquerait un accroissement de 3,062 hectares en 27 ans.

Elles auraient produit en moyenne en 1873 par hectare 15 hectolitres, et en totalité 389,749 hectolitres pour le département, tandis qu'en 1872, la récolte avait été de 450,762 hectolitres, présentant ainsi une diminution de 61,113 hectolitres pour 1873.

Suivant le même tableau, la récolte moyenne basée sur les dix dernières années est de 600,645 hectolitres.

L'OIDIUM EN MAINE-ET-LOIRE.

Depuis plusieurs années nous étions en butte aux progrès incessants d'un fléau qui compromettait les récoltes de nos vignobles, lorsqu'en janvier 1863, l'alarme, répandue autour de nous, provoqua les plus sérieuses préoccupations et nous détermina à faire appel aux conseils et au patriotisme de M. le comte de la Vergne, de Bordeaux, dont les enseignements pratiques avaient si heureusement pu délivrer plusieurs contrées de ce redoutable fléau.

Lorsque nous nous adressâmes à ce dévoué viticulteur, nous étions bien loin de nous attendre à ce qu'il prît la généreuse initiative du projet de conférences angevines, dont nous avons été si heureux de profiter. Son séjour parmi nous fut un véritable événement, son dévouement à l'œuvre entreprise par lui, sa foi profonde, lui avaient rendu son nombreux auditoire des plus sympathiques ; la clarté de son enseignement, sa parole persuasive comprise de tous, portèrent dans tous les esprits la conviction ; aussi chacun en a-t-il tiré le plus grand profit. L'élan qui depuis a entraîné nos vignerons au soufrage de leurs vignes tant qu'elles en ont eu besoin, en dit assez.

Cet élan fut aussi irrésistible qu'imprévu ; aussi l'une des préoccupations de notre dévoué initiateur, fut la crainte de nous voir manquer des appareils nécessaires aux soufrages qu'il nous conseillait si chaleureusement. Pour y remédier, il provoqua immédiatement l'organisation d'une importante fabrique de soufflets à Saumur et à Fontevrault, dans la maison de correction.

Pour rappeller, par des chiffres, combien cet entraînement pour le soufrage de la vigne fût puissant après les conférences de M. le comte de la Vergne, il me suffit d'indiquer approximativement les éléments qui doivent le constater.

Il entra à la gare d'Angers en 1863 plus de 1,000 balles de soufre, évaluées à plus de 100,000 kilog., et à celle de Saumur aussi, de 1,000 à 1,200 balles de 100 kilog. chacune, sans compter les quelques arrivages qui eurent lieu également dans les gares intermédiaires.

Les faits qui se rapportent au débit des soufflets sont non moins extraordinaires par les chiffres qu'ils présentent.

La fabrique de Saumur a livré pour le département	1,400 soufflets.
Un négociant d'Angers, en a apporté de Bordeaux	762
Un fabricant, qui s'est voué à cette spécialité, aussi à Angers	700
D'autres détaillants ont importé de divers lieux	338
Ce qui donne un ensemble de..	3,200 soufflets (1)

Bien convaincu que le soufre était non-seulement le destructeur de l'oïdium, mais aussi

(1) Rapport sur le soufrage de la vigne en 1864, pour la distribution des primes aux vignerons, par Guillory aîné, *Bulletin de la Société Industrielle d'Angers*, 1864, pages 211 et 212.

un excitant et même un aliment pour la vigne, j'ai continué pendant sept ans jusqu'en 1871, malgré la cessation du mal dans nos parages, à donner trois soufrages abondants chaque année à mes vignes, et je n'ai eu qu'à m'applaudir des résultats que j'en ai obtenus. Une végétation luxuriante, des produits plus abondants et une maturité plus hâtive exerçant une influence heureuse sur la qualité m'ont dédommagé de mes avances.

Pour obtenir tout l'avantage des soufrages, il faut qu'ils soient pratiqués avec soin et par un temps convenable. *Les instructions pratiques de M. le comte de la Vergne*, qu'on trouve à la librairie Barassé, fournissent tous les renseignements propres à bien diriger dans cette opération, que la réapparition l'année dernière de la terrible maladie dans nos vignobles, va probablement nous forcer cette année d'utiliser pour la combattre de nouveau.

III.

PROGRÈS DANS LA VINIFICATION.

Après avoir fait connaître le passé de nos vignobles, il nous reste maintenant à prouver que par les progrès accomplis dans ces derniers temps, nos vins n'ont point perdu de leur mérite; et que si autrefois la *Coulée de Serrant*, presque seule, s'y faisait remarquer par la perfection de ses procédés, aujourd'hui, la majeure partie de nos celliers reçoivent les soins les plus intelligents tant sous le rapport de l'entretien et de la culture de la vigne, que sous celui de la confection du vin.

Dans ce but, nous signalerons les divers procédés de renouvellement et d'amendements des vignes, les soins de la vendange et de la vinification.

Les terres consacrées aux vignes blanches sur la rive droite de la Loire n'ont pas sensiblement été étendues depuis un siècle. Formées d'argiles compactes, produites par la décomposition des schistes et mêlées de fragments pierreux, elles présentent des pentes plus ou moins rapides, qui souvent suffiraient pour en exclure toute autre culture que celle de la vigne. Ces terrains si accidentés ayant presque toujours peu de profondeur, nécessitent des défonçages dans le roc, suffisants pour y faire prospérer ces plantations.

Ces terres ne sont guère susceptibles de recevoir d'autres cultures, sans grands frais, à cause de leur peu de fécondité; elles donnent par cela même des produits peu abondants en vins; aussi, si ce n'était leur qualité qui en maintient le prix un peu élevé, la culture de la vigne même aurait dû y être abandonnée.

Par ces motifs, il n'en est guère planté que pour renouveler les cépages épuisés, et seulement après quelques années de repos du sol, ou d'une culture améliorante. Dans ce cas, le mode de plantation n'a rien de particulier à la localité, et n'est autre que celui suivi dans les autres vignobles du département.

Les vignobles de la rive droite de la Loire sont situés sur sept communes de l'arrondissement d'Angers, et contiennent ensemble treize cent trente-quatre hectares neuf ares de vignes, répartis comme suit :

1° Sur la comm^ne de la Possonnière.	303	63
2° Sur celle de Savenières . . .	299	29
3° Sur celle de Bouchemaine . .	230	84
4° Sur celle d'Ingrandes. . . .	214	20
5° Sur celle de Champtocé . . .	148	32
6° Sur celle de St-Georges-sur-L.	81	11
7° Sur celle de St-Germain-des-Prés	56	70
Ensemble comme ci-dessus. .	1334	09

Ces vignes plantées, comme nous venons de le dire, sur un sol en majeure partie schisto-argileux et quelquefois calcaire, produisent, année moyenne, environ cinq mille quatre cents barriques de 2 hect. 30 lit. chacune en vins blancs de diverses qualités.

Les crus les plus distingués sont presque tous situés sur des coteaux ou des plateaux inclinés vers le *sud* ou le *sud-ouest*.

Si l'on veut visiter ces vignobles, en partant d'Angers, on rencontre, tout d'abord, ceux de *Pruniers*, *Bouchemaine* et la *Pointe*, dans la commune de Bouchemaine ;

Puis ceux d'*Épiré*, la *Coulée de Serrant*, la *Roche-aux-Moines* et *Savenières*, commune de ce nom ;

Ceux de la *Possonnière*, l'*Alleud* et la *Rousselière*, commune de la Possonnière ;

Les vignobles de *Saint-Georges* et de *Saint-Germain* terminent pour ainsi dire la zone de la culture des vins supérieurs du côté du vignoble nantais, dont *Champtocé* et *Ingrandes* sont déjà des types excellents.

Les vignes de la contrée dont nous nous occupons, sont, comme nous l'avons vu, principalement plantées en *chenin*, ou *gros pinot de la Loire*. La plupart sont fort anciennes et remontent à l'année du grand hiver de 1788, époque où elles avaient été gelées, en majeure partie, de telle sorte qu'il devint nécessaire de les renouveler. On y réussit, en provignant tous les ceps qui en étaient encore susceptibles,

4.

et en faisant autant de plant qu'il fût possible.

L'abus qui fut fait alors du *provignage*, l'avait tellement discrédité dans le pays, que l'on avait presque complétement renoncé à cet important procédé; mais depuis une vingtaine d'années qu'il a été mis à exécution dans de bonnes conditions, il a été repris avec avantage pour renouveler les vignes.

Un autre mode de rajeunissement a été aussi pratiqué avec succès : c'est au moyen de la *taille raccourcie*, dirigée avec intelligence, surtout sur des vignes trop élevées ou allongées.

Ces vignes étant ainsi, en majeure partie, complantées de vieilles souches, sont sujettes à un grave inconvénient. La *mousse* les couvre et recèle en quantité les œufs et les larves des insectes les plus nuisibles à la vigne. Pour y remédier, on fait râcler la mousse, lorsque le besoin s'en révèle. Le lavage de ces souches au lait de chaux produit un effet bien plus efficace. En pénétrant, non-seulement dans la mousse, mais encore dans tous les interstices de l'écorce, la chaux détruit complétement les insectes et augmente de plus la vigueur des vignes qu'on a soumises à ce traitement.

On n'emploie généralement le fumier pur que pour rétablir une vigne épuisée. Les terres vierges et le sable *pouf* ou *limoneux*, de la Loire, sont les amendements les plus usités dans les bons crus. Quelquefois on y ajoute la chaux, pour former des composts.

Les façons ordinaires sont les mêmes que dans les autres vignobles du département. Seulement on adopte presque généralement le *chevalage*, qui n'est pas pratiqué dans tous et qui paraît produire de bons résultats (1).

Les vendanges, à de rares exceptions près, se font en octobre, lorsqu'on a reconnu que la maturité du raisin est aussi parfaite que possible.

---

(1) Le *chevalage* est un léger labour donné avec le pic entre les rangs de vignes, avant le *déchaussage*.

VENDANGES.

Tout le monde sait que pour faire de bon vin, la première condition est de n'employer que des raisins bien mûrs; leur degré de maturité exerçant une influence capitale sur la qualité des vins qui en proviennent, on ne peut trop apporter d'attention dans l'appréciation de l'état du raisin. Les symptômes caractéristiques de cette maturité sont, d'abord, le goût, puis la couleur dorée et pointillée; un commencement de pourriture de la pellicule des raisins, qui a dû aussi s'amincir généralement. Enfin, le pédoncule et les pédicelles de la grappe, qui ont dû prendre une teinte brune, que doivent également présenter les pépins lorsqu'on écrase les grains entre les doigts. Dans cet état, les grains sont aussi ramollis, et les grappes pendantes.

C'est donc en cherchant le moment où le raisin peut le plus se rapprocher de cette perfection, qu'il faut arrêter celui de la cueillette.

Il y a des circonstances cependant dont il faut bien tenir compte, pour devancer ou retarder cette opération. Ainsi, dans nos bons vignobles on a reconnu qu'il était avantageux, pour la qualité des vins, d'attendre qu'il se trouvât environ un quart de pourri dans les raisins destinés à les produire. Quand la floraison s'est accomplie dans des conditions anormales, il arrive que la maturité est inégale : qu'il y a des raisins mûrs, bons à prendre et d'autres encore verts, qui pourraient gagner à attendre; dans ce cas, et quelque temps qu'il fasse, on examine s'il peut y avoir avantage à attendre pour l'ensemble de la vendange, quand même on courre le risque d'en perdre une partie. Au moyen de ces observations et des soins qui en résultent, on est arrivé à obtenir une amélioration notable de la qualité de nos vins. A ce propos, le petit nombre de propriétaires qui font un usage continu du soufre sublimé, croyent remarquer, comme dans les vignobles du Midi, que cette opération contribue à égaliser et à avancer la maturation.

A LA VIGNE.

Les raisins sont généralement détachés au moyen de petits sécateurs, qui ne coûtent qu'un franc, et avec lesquels on fait bien mieux et plus rapidement la besogne, qu'avec les anciennes serpettes, qui avaient le grave inconvénient d'ébranler et de faire ainsi toujours tomber des raisins à terre.

On laisse sur les ceps tous les raisins gâtés, oïdés, et les grappilles de verjus, dont même une petite quantité pourrait diminuer la qualité de l'ensemble de la récolte.

La cueillette de chaque jour est proportionnée sur ce que les pressoirs dont on dispose puissent en expédier dans la soirée; car la vendange conservée dans des cuviers ou autrement, est exposée à s'échauffer et à contracter un goût particulier, connu sous le nom *d'égapi*.

AU VENDANGEOIR.

Dans nos premiers crus, les raisins rendus au vendangeoir sont jetés dans le pressoir, sans foulage préalable, car il est bien reconnu que le foulage pouvant écraser les grains de raisins encore verts et même des pepins, qui communiqueraient aux vins un goût désagréable, on évite cet incident en ne foulant pas.

Les vendanges des autres classes sont d'abord versées dans une fausse maie, où, après avoir été foulées au sabot, elles sont jetées sur le pressoir, où on fait le cep.

Dès que le cep est formé, on le soumet à la pression, qu'on conduit assez lentement, pour permettre au jus de s'écouler, par les seules issues des côtés. Lorsque la première presse est arrivée à son terme, on relève le pressoir et on recoupe les bords du cep sur ses quatre côtés, et on rejette les tailles sur le cep, qu'on presse de nouveau, une seconde, une troisième et une quatrième fois, jusqu'à ce qu'on reconnaisse que le marc est suffisamment desséché.

La suppression du foulage est due principalement à l'introduction dans nos vignobles de pressoirs perfectionnés, avec cages ou claies sur les côtés, et surtout celles du fond, comme à l'addition de claies dans les anciennes *maies*. Ces nouveaux appareils, en dispensant de couper le marc, empêchent encore par là le moût de contracter l'âcreté et goût acerbe causés par la taille de la rafle et des pepins.

Ainsi avec ces pressoirs le dégagement du liquide, sans foulage, s'opère promptement et avec facilité par le fond aussi bien que par les côtés.

Le moût est donc entonné presque clair au sortir du pressoir, par suite de la filtration au travers des claies. Toutefois, il est important d'apporter le plus grand soin à cette opération, pour mêler le produit des différentes presses dans chacune des barriques, afin d'en égaliser parfaitement la qualité. On évite une perte inutile en ne remplissant pas entièrement les barriques. En y laissant de huit à dix centimètres de vide, on obtient ce résultat, et, ne couvrant point la bonde, la fermentation tumultueuse marche plus rapidement avec le contact de l'air. Le moût reçoit ensuite les soins ordinaires jusqu'à ce que la fermentation vinaire soit à peu près accomplie.

D'après Sébille-Auger, on a renoncé avec raison aux tubes de verre au moyen desquels la fermentation se faisait en vases clos. Il avait lui-même abandonné l'usage des bondes hydrauliques. Les tubes et les bondes n'empêchaient pas le rétablissement de l'équilibre entre la pression inférieure et celle extérieure, lorsque celle-ci avait acquis la force nécessaire pour surmonter la résistance de la colonne d'eau qui lui était opposée (1).

Les propriétaires qui n'ont pas encore modifié leurs anciens pressoirs, ont l'attention d'enlever le vin de dessus sa grosse lie, huit à dix jours après la vendange.

Sitôt que les premiers froids ont éclairci les vins, en les faisant déposer, ce qui arrive ordinairement du milieu à la fin de décembre, on les soutire une première fois; et dans le

(1) *Actes du congrès des vignerons*. Session d'Angers, 1842, page 138.

cas où ces vins sont destinés à être mis en bouteilles dans le décours de février, il faut encore les soutirer une ou deux fois pour être plus certain de leur limpidité. Lorsqu'elle n'est pas parfaite, on a le soin de les clarifier avec la colle de poisson, avant de les mettre en verre.

Le goût de fruit, la douceur et la mousse de ces vins, qualités aujourd'hui si recherchées, ne sont dus qu'à leur mise prématurée en bouteilles en février ou mars.

Lorsqu'au contraire on tient à avoir des vins secs et légers, on suit l'ancienne méthode, qui consistait à ne pas tirer en bouteilles les vins d'Anjou avant le mois de septembre de l'année qui suit celle de la production. Lorqu'on possède de bonnes caves ou celliers sous voûte ou sous plancher, à l'abri des variations atmosphériques, sans contact avec des vins nouveaux, ni matière fermentescible, on conserve très-bien nos vins blancs pendant deux années en barriques. Dans ce cas, ils affectent avec la délicatesse et le parfum qu'ils ont gagnés en tonneau, la maturité si appréciée des gourmets, qualités qui ne font que se perfectionner en vieillissant dans les bouteilles (1).

Nos pères attachaient, comme on le sait, un grand prix à la possession de caves bien et richement garnies en vins des meilleurs récoltes de nos bons crus. Ils conservaient ces trésors, sans que leurs qualités éprouvassent d'altérations notables, souvent jusqu'à vingt et vingt-cinq ans. Il arrivait parfois qu'il se rencontrait au fond des plus vieilles cases, des bouteilles dont le contenu avait contracté le goût et la couleur du Rancio.

Ce phénomène, qu'on paraît complétement ignorer aujourd'hui, a été signalé, dès 1787, par le docteur Renou, dans le Mémoire sur les vins d'Anjou, qu'il avait rédigé pour Dussieux, Chaptal et Parmentier. Il s'y exprimait ainsi : « Le vin blanc d'Anjou ne dégenère guère qu'après plus de quinze à vingt ans. Lorsque les bouteilles vieillies sont débouchées, et que leur vin a subi le contact de l'air, non-seule-

(1) Pour plus de détails, voir le *Calendrier du vigneron*, par Guillory aîné. — 2e édition, 1867, Angers, Barassé.

ment il prend la couleur du vin d'Espagne, Rancio ou Malaga, mais même le goût doucereux et l'amertume particuliers à ces vins étrangers. C'est surtout dans les bonnes années et dans les produits des meilleurs crus que cette singularité se fait remarquer. »

J'ai eu moi-même occasion de constater ce curieux accident en 1836, sur des vins blancs de Savenières, de la récolte de 1822, en retirant ces bouteilles d'un sable humide. La majeure partie d'entre elles présentaient les caractères du *Rancio*, couleur, goût doucereux et même l'amertume particulière à ces vins. Les bouteilles qui avait subi une évaporation plus considérable se trouvaient plus ou moins détériorées.

Chaque fois que dans des vins très-vieux, on aperçoit des bouteilles dont le contenu a contracté une teinte ambrée, on peut s'assurer qu'il est arrivé au degré auquel se produit ainsi cette qualité qui l'assimile au Rancio.

On m'a assuré qu'on avait fait cette remarque sur des vins de Maligné de 1825, qui valaient dans cet état les bons vins d'Espagne.

INSPECTION VITICOLE DU Dr J. GUYOT.

Lorsqu'au mois d'août 1865, le docteur Jules Guyot, inspecteur-général de la viticulture, entreprit sa tournée dans le département de Maine-et-Loire, il était déjà très-souffrant, et ne put visiter que quelques vignobles des arrondissements d'Angers et de Saumur.

Pendant les courts instants qu'il lui fut permis de consacrer à cette mission, il se trouva en relations avec les propriétaires qui s'intéressaient le plus à notre viticulture ; et dans le rapport qu'il adressa ensuite au ministre de l'agriculture, il lui signala le résultat de ses remarques sur les vignobles de notre contrée.

Il y constate, tout d'abord, que la vigne, dans Maine-et-Loire, est déjà d'une grande importance, et s'accroîtra d'année en année ; car elle est sur un terrain et sous un climat de prédilection pour la production des bons vins ordinaires et même des vins fins de bonne qualité.

Il dit : que le même cépage, *le pinot blanc*

de la Loire, lorsqu'il est taillé à courson à deux yeux, peut donner et donne des vins blancs fins qui sont vendus en moyenne 150 francs la barrique ; et lorsqu'il est taillé à verges, il ne donne plus que des vins d'une valeur de 50 fr. Ici l'influence de la taille sur la qualité du vin ne saurait être méconnue ; toutefois, il faut reconnaître de suite que les vignes fines ne sont pas seulement constituées par la taille, mais par leur sol et leur site, et que dans les sites et dans les sols à vignes fines, la taille à verges donnerait des vins bien supérieurs aux vins récoltés dans les sols et dans les sites à vignes communes. Mais il s'éleve surtout contre la pousse excessive, des gourmands, provoquée et motivée, dans quelques-uns des vignobles qu'il avait visités, par une taille trop raccourcie sur des sujets vigoureux.

Il affirme que les vendanges des vins blancs d'Anjou, surtout celles des vins fins, sont faites, de temps immémorial, sur les meilleures bases et avec un grand soin ; d'abord elles sont commencées très-tard, et seulement alors qu'une grande partie des grains des raisins est *blettie*, c'est-à-dire fermentée, comme les nèfles, les cormes, etc., mais non pourries comme on le pense généralement, et comme on pourrait le croire à l'aspect des grappes (1).

(1) Extrait du *Rapport sur la viticulture du Nord-Ouest de la France*, par le Dr Jules Guyot. — Paris, imprimerie Impériale, 1867.

APPRÉCIATION DE LA QUALITÉ

DES VINS BLANCS DE MAINE-ET-LOIRE.

L'appréciation relative des vins blancs de Maine-et-Loire, pouvant donner lieu à des interprétations diverses, nous avons pensé qu'en les recherchant dans des documents rédigés en dehors de cette préoccupation, nous atteindrions plus efficacement une solution rapprochée de la réalité ; aussi n'avons nous cru pouvoir mieux faire que de reproduire ici les opinions émises, ainsi que le rang qui leur a été assigné, non-seulement dans les expositions viticoles d'Angers de 1849 et de 1858, mais encore et surtout au concours général et national de juin 1860, et l'exposition universelle de Londres en 1862.

Une exposition œnologique avait été essayée par la Société industrielle d'Angers, au congrès de vignerons d'Angers en 1842, et le germe s'en était développé aux congrès suivants, surtout à ceux de Dijon et de Lyon.

Une seconde exposition viticole fut de nouveau entreprise en 1849-50 par la Société d'agriculture, sciences et arts d'Angers. La pensée qui avait présidé à cette fondation, en 1842, s'étant vulgarisée, cette deuxième exhibition acquit une grande importance.

En 1858, une troisième exposition œnologique fut annexée à l'exposition générale d'Angers par la Société industrielle et y obtint un égal succès.

C'est aux comptes-rendus de ces expositions que nous faisons les emprunts suivants :

« Sur la rive droite, les vins de la Pointe, d'Épiré, de Savenières, ou, pour mieux dire, de la *Roche-aux-Moines*, vignoble non moins fameux dans nos contrées que le fameux *Clos de Serrant*, qu'il avoisine et qui le touche d'ailleurs; les vins de la Possonnière, de la Rousselière ; tous ces vins dont nous avons eu à déguster les échantillons appartenant à plus d'un demi-siècle de production comparée, nous ont offert des vins fins et généreux, légers, délicats et limpides, doux, secs ou mousseux, de qualités aussi éminentes que remarquables, dignes du reste de soutenir partout et sur tous les marchés la concurrence avec les vins blancs les meilleurs et les plus réputés de France (1).

» En somme, il faut le dire ici et le répéter avec autant de justice que de raison, les coteaux de Saumur, les coteaux de la rive droite et quelques-uns de la rive gauche de la Loire, ainsi que le bassin du Layon, produisent en quantité des vins tellement supérieurs et tellement remarquables, qu'il est plus qu'étonnant que leur réputation et leur classement au milieu de ceux qu'ils égalent, ou qu'ils surpassent sous certains rapports, n'aient pas été depuis longtemps répandus, établis et propagés sur tous les marchés du monde industriel et commercial (2).

» Il résulte de cette énumération que les vins blancs qui l'emportent proviennent des coteaux des rives droites de la Loire, où l'on

(1) Compte-rendu de l'exposition des produits vinicoles de Maine-et-Loire, 1849-1850. — Dégusta ion, appréciation des vins, pages 81 et 82.

(2) *Id.*, page 90.

récolte le fameux vin de la Coulée de Serrant. La commission a regretté de n'avoir pas eu à déguster de ce dernier vin comme terme de comparaison. Cependant les vins de Brezé, avec des mérites divers, offrent aussi une valeur exceptionnelle dont il faut tenir grand compte (1).

» Dans une exposition angevine, on devait s'attendre à voir la section d'œnologie se recommander par la valeur des produits et par un grand concours d'exposants. C'est ce qui a lieu... (76 exposants y ont pris part) (2). »

Le concours général et national d'agriculture du mois de juin 1860, ayant eu sa cinquième section spécialement consacrée à la *viticulture* et à l'*œnologie*, les vins français y ont trouvé l'occasion de se produire au grand jour, et cette partie de l'exposition a acquis une impor-

---

(1) VIe exposition agricole, industrielle et artistique d'Angers, juin 1858. Rapports des sections du jury; 3e section (1re division), œnologie, pages 30 et 31.

(2) Rapport du Secrétaire général sur l'exposition de 1858. Bulletin de la Société industrielle, page 121.

tance considérable. Aussi de nombreuses récompenses ont-elles été décernées par le jury, qui avait la mission d'apprécier ces riches produits de notre sol.

Six sous-sections avaient permis de les classer convenablement. Elles se rapportaient : aux *vins rouges*, aux *vins blancs*, aux *vins de liqueur*, aux *vins mousseux*, aux *eaux-de-vie* et *liqueurs*, et enfin aux *vinaigres*.

Les récompenses accordées à la sous-section des *vins blancs* se composaient de :

Sept médailles d'or,

Huit médailles d'argent,

Sept médailles de bronze,

Et trois mentions honorables.

Les sept médailles d'or ont été ainsi réparties :

Au Batard-Montralhet de 1858 (Côte-d'Or).

Au Fuissé-Pouilly (Saône-et-Loire).

Au Ribauvillé, vins fins du Rhin (Haut-Rhin).

Au Riquewihr de 1834 et 1846 (Haut-Rhin).

Au Château-Châlon de 1802, 1815 et 1818 (Jura).

Aux Roches-aux-Moines de 1846 et 1858 (Maine-et-Loire).

Au Crouseilhes de 1847 (Basses-Pyrénées).

Comme résultat de cette partie du concours, les vins blancs de première qualité de la Côte-d'Or, de Saône-et-Loire, du Haut-Rhin, du Jura, de Maine-et-Loire et des Basses-Pyrénées, se sont trouvés classés sur la même ligne.

Cette appréciation d'un jury aussi compétent, dispense de tout commentaire sur la valeur actuelle *des vins blancs de Maine-et-Loire*, qui, privés d'une partie de leurs débouchés, ne se sont pas moins maintenus au niveau des progrès accomplis dans les autres vignobles, et sont ainsi restés dignes de leur réputation d'autrefois.

L'Exposition universelle de Londres en 1862, pouvant contribuer à faire revivre la faveur dont les vins d'Anjou jouissaient autrefois dans les Etats du Nord de l'Europe, fut saluée avec joie par ceux de nos compatriotes qui espéraient que les produits de nos meilleurs vignobles pourraient y retrouver de nouveaux et fructueux débouchés.

Une commission spéciale fut désignée dans le sein de la Société industrielle, pour provoquer des exposants, grouper leurs vins, les faire rendre et admettre à cette exposition.

De pressants appels furent adressés à tous nos producteurs de vins ; on y insistait principalement sur les débouchés avantageux qu'une telle occasion de les faire connaître et apprécier de nouveau pouvait procurer surtout aux vins blancs de nos contrées.

Cependant, un bien petit nombre seulement de nos compatriotes répondit à notre appel; mais mus par les motifs qui nous avaient fait entreprendre cette tâche, nous prîmes notre parti de la déception que nous éprouvions en cette circonstance, et n'en poursuivîmes pas moins la réalisation de notre œuvre.

Après bien des contre-temps et des difficultés de toutes sortes, l'envoi des vins qui nous avaient été confiés, et que nous avions réunis en un seul groupe, fut enfin admis à Londres, à l'exposition universelle de 1862. Leurs qualités justement appréciées, valut pour leur groupe une grande médaille d'honneur à la Société industrielle, au nom de laquelle ils avaient dû être exposés. Ce brillant résultat nous prouva que nos vins d'Anjou n'avaient pas démérité à l'étranger de leur ancienne réputation.

Cette distinction, après la médaille d'or que les vins d'Anjou ont déjà obtenue à l'exposition nationale et agricole de 1860, contribuera encore, s'il est possible, à leur faire occuper le rang auquel ils ont droit dans la classification des produits vinicoles de la France.

« M. Colden, répondant aux exposants de Londres qui le remerciaient d'avoir contribué à faire triompher les principes du nouveau traité de commerce et se plaignaient en même temps de n'en pas ressentir encore complétement les conséquences, leur répondit : « *Les gouvernements ont fait tout ce qu'ils devaient, tout ce qu'ils pouvaient faire : c'est à vous maintenant, à votre activité, à votre intelligence de tirer parti des débouchés qui vous sont ouverts.* »

» La viticulture française avait été appelée à

prendre une part sérieuse à l'exposition de Londres. Ses intérêts lui faisaient un devoir de ne rien négliger pour y soutenir sa réputation, et de profiter de cette circonstance pour répandre et propager ses produits. La commission impériale, de son côté, a tout fait pour lui faciliter les moyens d'arriver à ce résultat important; et cependant, nous sommes obligés de reconnaître que nous n'avons pas obtenu ce que nous pouvions espérer, ce que nous devions attendre (1). »

Les accidents météorologiques qui peuvent se produire chaque année pendant les diverses phases de la végétation de la vigne et de la maturation de son fruit, en agissant d'une manière si directe sur le produit de la vigne et en réduire la quantité et la qualité, donne un certain intérêt au tableau indicatif des qualités de vins blancs de Maine-et-Loire depuis 1780, observées dans la commune de Savenières, qui suit :

---

(1) *Revue viticole*, par C. Ladrey. 5e année 1863, p. 108.

TABLEAU INDICATIF

DES QUALITÉS DE VINS BLANCS OBTENUS.

1781. Très-bonne.

1788. Bonne.

1791. *Idem.*

1795. *Idem.*

1799 (dite de l'an VII). Très-supérieure.

1802. Bonne.

1806. Très-bonne.

1811. Très-supérieure; exceptionnelle, dite de la *comète* (abondance).

1812. Médiocre.

1813. Passable.

1814. Bonne.

1815. Très-bonne, développement presque parfait.

1816. Mauvaise. Qualité la plus détestable dont on garde le souvenir (Vin dit *Rocantin*).

1817. Mauvaise.

1818. Passable, mais dure (abondance).

1819. Bonne, avec douceur, mais peu de corps.

1820. Passable.

1843. Mauvaise.

1821. Médiocre.

1822. Très-supérieure, vins corsés.

1823. Mauvaise, vins verts et faibles.

1824. Médiocre.

1825. Très-supérieure, finesse, corps et liquoreux.

1826. Mauvaise.

1827. Passable (abondance).

1828. Bonne.

1829. Mauvaise.

1830. Médiocre.

1831. Très-bonne.

1832. Bonne.

1833. Passable.

1834. Très-supérieure, finesse et corps.

1835. Passable.

1836. Mauvaise.

1837. Passable.

1838. *Idem.*

1839. *Idem.*

1840. Très-bonne.

1841. Passable, assez agréable.

1842. Bonne, avec corps (abondance).

1844. Passable.

1845. Médiocre.

1846. Très-supérieure, corsée, parfum délicieux.

1847. Passable.

1848. Bonne, assez bien réussie.

1849. Passable.

1850. Médiocre.

1851. Bonne.

1852. Très-bonne.

1853. Mauvaise.

1854. Médiocre.

1855. Passable.

1856. Bonne.

1857. Très-bonne, mais dure.

1858. Très-supérieure, légère, douce et corsée.

1859. Bonne, corsée.

1860. Mauvaise.

1861. Bonne, assez bien réussie.

1862. Passable.

1863. Bonne.

1864. Très-bonne.

1865. Très-bonne, un peu dure (abondance).
1866. Médiocre.
1867. Passable.
1868. Très-bonne.
1869. Bonne.
1870. Très-supérieure, légère et douce.
1871. Médiocre (abondance).
1872. Médiocre.
1873. Passable.

Ainsi dans une période de soixante ans, de 1812 à 1872, on trouve que les récoltes de vins appréciées au point de vue de la qualité, se décomposent comme suit :

6	années,	très-supérieures.
7	id.	très-bonnes.
12	id.	bonnes.
16	id.	passables.
10	id.	médiocres.
9	id.	mauvaises.
Ensemble 60	années.	

Quant à la quantité, on se contente de signaler les années d'abondance, au nombre de cinq seulement dans cette longue période.

APPENDICE

LES VINS AU CONCOURS GÉNÉRAL ET NATIONAL D'AGRICULTURE DE PARIS EN 1860.

Extrait du rapport sur les opérations de la 5e section du Jury des produits, par M. C. LADREY, professeur de chimie à la faculté des sciences de Dijon.

Les produits soumis à l'examen du jury de la 5e section étaient tellement nombreux et variés, qu'une classification préalable était tout à fait nécessaire pour rendre ce travail possible. Ces produits comprenaient les vins, les eaux-de-vie, les alcools, les vinaigres, les liqueurs, les bières, etc. (1).

(1) La commission chargée d'examiner ces produits était composée de seize membres : MM. *Becquerel*, *Bouchardat*, *Bonnet*, *Bouchet*, *Casterat*, *Cazeaux*, *Durand de Corbiac*, *Duraux-Blochet*, *Gallichon*, *Gasquet*, *Hemmet*, *Ladrey*, *Lanquetin*, *Loreau*, *Rousseau*, *baron Tricornot*. Cette commission avait nommé M. *Becquerel*, président, M. *Cazeaux*, vice-président, et M. *Ladrey*, secrétaire-rapporteur.

Notre premier soin a donc été de les diviser en sous-sections, renfermant tous les produits envoyés au concours. Ces sous-sections sont au nombre de sept, savoir : 1° les vins rouges ; 2° les vins blancs ; 3° les vins de liqueur ; 4° les vins mousseux ; 5° les eaux-de-vie, alcools et liqueurs ; 6° les vinaigres ; 7° les bières.

Les produits de chacune de ces sous-sections furent examinés à part. Une nouvelle subdivision, basée sur les qualités des produits envoyés, leur valeur et leur origine, fut faite ensuite dans chacune d'elles, et de cette manière on put arriver à n'avoir à comparer dans chaque groupe qu'un nombre restreint de produits. — Du reste, dans ces classifications, on s'est toujours laissé guider par les indications que nous fournissait l'ensemble des produits à juger. Au lieu de chercher à faire un classement méthodique, on a préparé un cadre dans lequel rentraient tous les envois.

La nature du produit, l'importance de sa production, l'estimation de sa valeur propre comparée à celle des produits de la localité, ont servi de base pour fixer le mérite de l'exposant qui l'avait obtenu. — De cette manière, le propriétaire du crû le plus modeste, peut aspirer à une récompense s'il arrive, par ses soins, à donner à ses vins des qualités supérieures à celles que présentent ordinairement les produits similaires.

Mais avant de passer à l'examen des faits signalés dans l'étude de chacune de ces catégories, nous avons à présenter quelques observations générales sur l'ensemble des opérations et sur les résultats constatés par la commission.

La plupart des produits envoyés au concours étaient, chacun dans sa spécialité, de bonne qualité. Nous n'avons rencontré qu'un petit nombre de produits mal préparés et de mauvaise nature.

En général, ils étaient dans un bon état de conservation, et attestaient les habitudes sérieuses des propriétaires et des négociants qui les avaient soignés. Ces produits se trouvaient, dès lors, dans de bonnes conditions pour être jugés et appréciés. Ceux qui ont dû être rejetés par suite d'altérations dues à l'absence de précautions et de soins lors de l'envoi, étaient relativement peu nombreux. — Nous croyons devoir insister sur cette circontance, parce que souvent les produits liquides, et en particulier les vins envoyés dans un concours ou dans une exposition, sont mal soignés par l'exposant au moment du départ, et, lorsqu'on les examine, ils se trouvent dans des conditions très-désavantageuses.

Nous avons vu des propriétaires tenir à honneur de déclarer que les vins qu'ils adressent à un concours, sont tout simplement tirés du foudre qui les contient, mis en bouteilles et expédiés sans aucun autre soin que celui d'un bouchage la plupart du temps imparfait.

Il ne faut pas oublier que ces vins voyagent dans une saison peu favorable, qu'ils sont goûtés peu de temps après leur arrivée, et placés presque toujours dans un local peu convenable. On comprend dès lors facilement, quelle que soit l'attention des personnes chargées de l'examen, nécessairement très-rapide, de ces produits, qu'un vin de bonne qualité court grand risque d'être rejeté, si on n'a pas pris lors de son expédition toutes les précautions que la prudence doit conseiller en pareille circonstance. — Nous dirons, d'une manière générale, que des vins envoyés à un concours doivent avoir été vérifiés et examinés avec attention par l'exposant.

La première chose qui frappe dans ces produits est leur limpidité, la pureté de leur robe, puis la franchise et la droiture de leur goût. Par conséquent, tout ce qui peut altérer ces qualités doit être sérieusement écarté. Si les vins sont clairs, s'ils sont mis dans des bouteilles bien propres, si ces bouteilles ont été bouchées avec un grand soin et au moyen de bouchons de bonne qualité, on aura de grandes chances pour qu'ils ne contractent pas d'altération et de mauvais goût dans le transport et pendant la durée du concours.

Il ne nous a été présenté ni parmi les vins, ni

parmi les eaux-de-vie, ni parmi les vinaigres, des produits préparés par des procédés que l'on doit proscrire de la manière la plus complète, au nom de l'hygiène et de la loyauté commerciale.

Tous les produits examinés étaient purs, ou du moins nous ont été présentés comme tels, et rien ne nous a fait soupçonner la fausseté de ces déclarations. Nous devons dire, du reste, que nous n'avions pas, dans le temps très-court consacré à leur examen, la possibilité de nous livrer, sur leur origine ou leur mode de préparation, à des études spéciales et minutieuses.

La dégustation et l'examen des qualités appréciables à l'œil sont les seuls moyens que nous ayons employés pour étudier les produits viticoles et reconnaître leur mérite. Nous aurions pu trouver d'utiles renseignements dans les déclarations des exposants, malheureusement ces documents étaient trop rares et trop incomplets pour pouvoir nous être d'un grand secours.

Les résultats des expériences faites par quelques propriétaires pour l'amélioration des produits de leurs vignobles, pour l'introduction de nouveaux cépages, devaient naturellement trouver leur place dans le concours; et, pour les apprécier, il est surtout nécessaire de recourir aux renseignements fournis par l'exposant.

Nous avons signalé ces résultats toutes les fois que nous avons pu les reconnaître. C'est, en effet, lorsque ces efforts sont tentés sur une grande échelle, et qu'ils conduisent à la préparation de quantités très-notables, que l'étude des produits obtenus permet de résoudre les questions que s'est posées l'expérimentateur, et lui fournit les réponses aux objections qui ont pu lui être faites.

Dans le rapport que nous avons rédigé sur les opérations de la cinquième section, nous nous sommes contentés de faire connaître les produits qui ont été trouvés bons et jugés dignes d'être mentionnés. L'absence de documents complets sur les autres, nous a fait passer sous silence ceux qui ont dû être éliminés. Il nous a paru que dans plusieurs circonstances, les défauts qui les ont fait déprécier et rejeter sont purement accidentels, et peuvent être attribués au manque de soins de l'exposant plutôt qu'à la mauvaise nature du produit lui-même. Si donc on a fait justice en les mettant de côté, nous pourrions souvent courir le risque d'être injustes en signalant d'une manière détaillée les altérations et l'infériorité de ces produits.

Le nombre des échantillons différents soumis à notre examen était considérable, et il a fallu, nous n'hésitons pas à le dire, tout le dévouement des membres de la section pour accomplir en quelques jours cette tâche difficile et fatigante. — Mais si le souvenir des faits observés pendant le dernier concours nous fait exprimer le désir que des mesures soient prises pour rendre cette opération plus complète, moins rapide et par conséquent plus certaine, nous devons ajouter encore que cet examen serait devenu tout à fait impossible pendant la durée du concours, si tous nos vignobles avaient adressé un ensemble même incomplet de leurs produits. Il importe donc que cette partie de nos concours agricoles soit organisée d'une manière spéciale.

La France est, sans contredit, le premier pays viticole de l'Europe, et par conséquent du monde entier ; elle ne le cède à aucune contrée sur le nombre, la valeur de ses produits œnologiques. Les procédés suivis dans la préparation des vins et dans la manipulation destinées à assurer la conservation et à développer leurs qualités, sont arrivés, dans nos vignobles importants, à un degré de perfectionnement que l'on ne retrouve pas dans les vignobles étrangers. — De plus, la culture de la vigne prend, partout, depuis quelque temps, un essor et un développement auxquels on était loin de s'attendre, il y a quelques années.

L'invasion de l'oïdium semblait devoir compromettre pour longtemps la culture de cette plante, et on a pu craindre avec raison que cette maladie ne fît déchoir le commerce des vins de France du premier rang qu'il a toujours occupé. Heureusement ces sinistres prévisions ne se sont pas réalisées. Un remède souverain a été trouvé, dont l'application suffit pour arrêter les progrès du mal et garantir une bonne récolte. Les préoccupations sur l'avenir de la viticulture peuvent donc être tout à fait écartées.

Presque dans tous les vignobles où elle exerçait ses ravages, la maladie a diminué d'intensité; dans d'autres, elle a disparu soit naturellement et par suite du retour à des conditions plus normales, soit comme conséquence du soufre, dont on ne peut nier l'influence favorable sur la végétation de la vigne. Aussi, la maladie de la vigne n'est elle plus guère envisagée maintenant dans beaucoup de vignobles, que comme une aggravation de dépenses annuelles, une augmentation dans les frais de culture.

Pendant que l'oïdium ravageait les vignobles les plus considérables et les plus fertiles du Midi, et déminuait notablement la production, le prix des vins augmentait dans ces contrées, par suite même de cette diminution. Les propriétaires intelligents qui, les premiers, ont employé le soufrage, ont vu par conséquent augmenter la valeur de leur récolte. Leurs vins ont atteint des prix relativement considérables; destinés, dès lors, à combler le déficit des autres vignobles et à entrer directement dans la consommation, ils ont été mieux soignés, et lorsque peu à peu la production reviendra à un chiffre normal, cette amélioration fera maintenir les nouveaux prix, et des vins autrefois entièrement abandonnés à la chaudière continueront à être livrés en nature au commerce. Ainsi, d'un côté, extension de la culture de la vigne par suite de plantations nouvelles; d'un autre, augmentation de produits par l'amélioration de ceux dont le commerce ne pouvait guère tirer parti directement : tels sont les deux symptômes que nous pouvons constater dans l'ensemble de nos vignobles.

Nous avons également à signaler une circonstance qui doit exercer une grande influence sur l'avenir de notre viticulture. Nos relations commerciales avec l'Angleterre viennent de le modifier très-profondément; le traité de commerce de 1860, en ouvrant à nos vins un débouché plus facile dans un pays où la vigne n'est pas cultivée et où la consommation du vin a été jusqu'ici très-restreinte, doit nécessairement favoriser l'écoulement de nos produits et développer encore les tendances que nous venons d'indiquer.

Le moment devait donc paraître opportun pour les propriétaires de se présenter au concours de 1860 avec toutes leurs ressources, de montrer la valeur et le mérite de leurs vins, de faire apprécier les qualités qui les distinguent, et de répondre, si cela est nécessaire, aux craintes exprimées sur les propriétés de quelques-uns d'entre eux.

Les uns avaient à faire connaître leurs produits; les autres, dont les vins sont connus et estimés, avaient tout à gagner en les présensentant de nouveau, en faisant confirmer les jugements favorables portés sur eux depuis longtemps. — Cependant, malgré le nombre et la variété des envois, la plupart de nos crûs les plus importants n'étaient pas du tout représentés, ou bien n'avaient qu'un très-petit nombre d'exposants.

En voyant cette indifférence de nos propriétaires et de nos négociants, on pourrait croire que, si de nouveaux marchés s'ouvrent pour nos vins, ces marchés ne nous seront pas disputés, et qu'ils viendront seulement accroître les moyens d'écoulement et la consommation de nos produits; qu'on se détrompe sur ce point. Les autres contrées viticoles, si elles sont plus en retard que nous, si elles ont eu également à souffrir de la maladie de la vigne, cherchent à entrer dans une voie de progrès, où elles nous imiteront, d'abord avec le désir et l'espoir de nous dépasser et de nous supplanter ensuite. Ne négligeons donc aucune occasion de stimuler l'intelligente activité de nos propriétaires et de nos négociants en vins. Si un bel horizon s'ouvre devant eux, il leur reste quelque chose à faire pour conserver, dans ce nouvel état de choses, la supériorité qui ne leur a pas été contestée jusqu'ici.

Ils ne doivent pas considérer comme indigne d'eux de faire figurer leurs produits dans ces grandes fêtes de l'agriculture, où tous les hommes, français et étrangers, viennent étudier nos produits, se rendre compte des résultats fournis par nos méthodes, et profiter des inventions nouvellement introduites.

Les produits réellement supérieurs ne peuvent rien perdre, en faisant constater une fois de plus leur mérite. Ceux dont les qualités sont médiocres, et qui ont pu, à la faveur de certaines circonstances, usurper une réputation à laquelle ils n'ont pas droit, seront appréciés plus équitablement. Peut-être seront-ils moins bien classés; mais il ne faudrait pas attacher une trop grande importance aux conséquences fâcheuses qui pourraient résulter immédiatement de cette circonstance, parce qu'elle peut amener, d'un autre côté, des résultats très-avantageux, en provoquant des améliorations, soit dans la culture, soit dans les procédés employés pour la préparation et la conservation des vins. — Qu'on n'oublie pas, du reste, que la réputation exagérée à laquelle arrivent quelquefois certains produits, est reconnue tôt ou tard, grâce aux fraudes employées pour la maintenir, et alors c'est une ruine complète et immédiate qui est souvent la conséquence de ce brusque changement dans l'opinion.

Nous ne devons pas dissimuler que l'organisation actuelle des expositions de vins et d'autres produits viticoles dans nos concours laisse beaucoup à désirer, et il importe qu'elle soit améliorée et régularisée sans retard. Les progrès que nous constatons chaque année dans l'organisation des diverses parties des concours agricoles, nous font naturellement espérer que bientôt les produits seront classés et divisés méthodiquement, comme l'ont été tour à tour les animaux et les instruments. — Dès lors, chaque espèce de produits sera soumise aux conditions réglementaires qui conviendront le mieux à sa nature et qui assureront l'examen sérieux de ses qualités. Mais on reconnaîtra sans peine que l'abstention n'est pas un bon moyen pour favoriser un progrès que tout le monde appelle, et dont la réalisation sera rendue très-facile par les épreuves faites dans les précédents concours.

Tel qu'il a été, le concours viticole de 1860 est certainement entré dans cette voie de progrès, l'importance que la viticulture prend de plus en plus chaque année dans les concours régionaux devait nous le faire pressentir. Mais nous reconnaissons qu'il y a encore beaucoup à faire avant de réaliser l'idée d'un grand concours national, où seraient réunies, dans leur pureté, et au complet, toutes nos richesses œnologiques. — Cette belle et grande exhibition de nos vins, dont l'examen serait mis à la portée de tous les intéressés, aurait une immense influence sur la viticulture; elle serait certainement la meilleure réponse à faire à ceux dont les doctrines funestes aboutiraient bientôt, si elles étaient adoptées, à l'adultération complète de ces produits, qui jouent un si grand rôle dans l'alimentation publique.

VINS.

Dans cette partie de notre travail, nous avons réuni les quatre premières sous-sections, afin de ne pas multiplier les subdivisions.

Comme tous les vignobles de la France n'étaient pas représentés, il nous a été impossible d'adopter pour l'énumération des produits examinés une classification méthodique ; nous avons préféré suivre la division générale de la France en régions agricoles, telle qu'elle est adoptée aujourd'hui pour la circonscription des concours régionaux. Cette marche aura pour avantage de faire ressortir l'importance viticole de chaque région, et la part que les départements qui composent chacune d'elles ont prise au dernier concours.

Première région. — Cette première région comprend les départements de l'Aude, des Bouches-du-Rhône, de la Corse, du Gard, de l'Hérault, des Pyrénées-Orientales, du Var et de Vaucluse. — La vigne est cultivée dans tous ces départements; six seulement ont envoyé des vins au concours général de 1860. Le département de la Corse et celui des Bouches-du-Rhône se sont abstenus. . . . .

. . . .

Deuxième région. — La deuxième région comprend les départements de l'Ariége, des Basses-Pyrénées, du Gers, de la Haute-Garonne, des Hautes-Pyrénées, des Landes et de Tarn-et Garonne. — Comme dans la région précédente, la vigne est cultivée dans les sept départements qui composent la région; mais un seul, celui des Basses-Pyrénées. a envoyé ses vins au concours, et encore ce département ne compte-t-il qu'un très-petit nombre d'exposants. . . . .

. . . .

Troisième région. — La troisième région comprend les départements de la Charente, de la Charente-Inférieure, des Deux-Sèvres, de la Dordogne, de la Gironde, de la Haute-Vienne et de Lot-et-Garonne. — On cultive la vigne dans tous ces départements; trois seulement, la Charente, la Dordogne et la Gironde, nous ont envoyé des vins. . . . .

. . . .

Quatrième région. — La quatrième région comprend les départements de l'Aveyron, du Cantal, de la Corrèze, de la Creuse, du Lot, du Puy-de-Dôme et du Tarn. — La vigne est cultivée dans tous ces départements à l'exception de celui de la Creuse. Au concours, cette région était représentée par les départements de la Corrèze, du Lot, du Puy-de-Dôme et du Tarn : les autres n'ont rien envoyé. . . .

. . . .

Cinquième région. — La cinquième région comprend les départements de l'Ardèche, des Basses-Alpes, de la Drôme, de la Haute-Loire, des Hautes-Alpes, de l'Isère et de la Lozère. — La vigne est cultivée dans tous les départements de cette région, mais aucun n'a envoyé de produits au concours. . . . .

. . . .

Sixième région. — La sixième région comprend les départements du Cher, de l'Indre, d'Indre-et-Loire, de Loir-et-Cher, du Loiret, de la Sarthe et de la Vienne. — Comme dans la région précédente, la vigne est cultivée dans tous ces départements. Nous avons seulement à parler des vins d'Indre-et-Loire, de Loir-et-Cher et du Loiret. Quelques vins communs provenant des départements de l'Indre et du Cher n'ont pas été classés. — Le département d'Indre-et-Loire était représenté par plusieurs de ses crus les plus importants. . . . .

. . . .

Septième région. — La septième région comprend les départements de l'Ain, de l'Allier, du Jura, de la Loire, de la Nièvre, du Rhône et de Saône-et-Loire. — La vigne est cultivée dans tous ces départements. L'Ain, le Jura, la Loire, le Rhône et Saône-et-Loire ont envoyé des produits au concours. . . . .

. . . .

Huitième région. — La huitième région comprend les départements du Bas-Rhin, du Doubs, du Haut-Rhin, de la Haute-Saône, de la Meurthe, de la Moselle et des Vosges. — La vigne est cultivée dans tous ces départements. Deux seulement, le Bas-Rhin et le Doubs, n'ont rien envoyé au concours; les cinq autres étaient représentés. . . . .

. . . .

Neuvième région. — La neuvième région comprend les départements des Ardennes, de l'Aube, de la Côte-d'Or, de la Haute-Marne, de la Marne, de la Meuse et de l'Yonne. — La vigne est cultivée dans tous ces départements, mais ceux de la Côte-d'Or et de la Marne seuls avaient envoyé des vins au concours. . . .

. . . .

Dixième région. — La dixième région comprend les départements des Côtes-du-Nord, du Finistère, de l'Ille-et-Vilaine, de la Loire-Inférieure, de Maine-et-Loire, du Morbihan, de la Vendée. — La vigne n'est pas cultivée dans le département des Côtes-du-Nord ni dans celui dn Finistère, mais on la rencontre dans les autres. Le département de Maine-et-Loire est le seul de cette section qui ait adressé des vins.

MAINE-ET-LOIRE.

L'envoi de la Société industrielle d'Angers comprenait deux échantillons de vin blanc, exposés par M. Guillory aîné, président de cette Société. — Les vins de M. Guillory proviennent du cru de la Roche-aux-Moines, commune de Savenières ; l'un est de la récolte de 1846, il a été mis en bouteilles en février 1847 ; l'autre est de la récolte de 1858, il a été mis en bouteilles en février 1859.

Ces vins ont été tous deux trouvés très-bons et très-délicats. Celui de 1846, surtout, ne laisse rien à désirer ; quant au vin de 1858, encore doux et légèrement mousseux, il promet d'arriver bientôt à égaler le précédent.

Quoique ces vins se soient ainsi recommandés d'eux-mêmes par leurs bonnes qualités, nous croyons devoir mentionner la part qui revient à M. Guillory dans le développement de ces qualités. Les soins donnés à ces vins ont largement contribué à les conserver et à les amener à l'état de perfection qu'ils présentent aujourd'hui.

Du reste, les travaux viticoles et les études pratiques du Président de la Société industrielle d'Angers sont assez connus pour que nous n'ayons pas besoin d'insister. Il nous suffit d'appeler l'attention des viticulteurs sur les avantages que présentent, pour l'amélioration de leurs produits, le choix d'une bonne méthode de fermentation, la surveillance des vins et aussi l'époque de leur mise en bouteilles.

Onzième et douzième régions. — Enfin, il reste deux régions agricoles : l'une est formée par les départements du Calvados, de l'Eure, d'Eure-et-Loir, de la Manche, de la Mayenne, de l'Orne et de la Seine-Inférieure. — L'autre par les départements de l'Aisne, du Nord, de l'Oise, du Pas-de-Calais, de la Seine, de Seine-et-Marne, de Seine-et-Oise et de la Somme. — Aucun échantillon de vin n'a été envoyé par ces départements. Cependant la vigne est cultivée dans plusieurs d'entre eux ; ainsi on trouve des vignes dans l'Eure, l'Eure-et-Loir, la Mayenne, l'Aisne, l'Oise, la Seine, Seine-et-Marne et Seine-et-Oise.

On voit par ce qui précède, que sur nos quatre-vingt-six anciens départements, dix ne se livrent pas à la culture de la vigne. Ce sont les départements du Calvados, des Côtes-du-Nord, de la Creuse, du Finistère, de la Manche, du Nord, de l'Orne, du Pas-de-Calais, de la Seine-Inférieure et de la Somme. — Sur les soixante-seize autres, trente-un seulement ont envoyé des vins au concours, et encore, plusieurs de ces départements n'avaient-ils qu'un très-petit nombre d'exposants.

Le nombre total des exposants qui ont envoyé des vins s'élevait à plus de deux cents. La moitié environ appartenait aux trois départements de la Côte-d'Or, de Saône-et-Loire et du Rhône.

Grâce à la coopération des Sociétés d'agriculture et des Comices agricoles, les propriétaires de ces trois départements ont largement répondu à l'appel qui leur a été fait. Les vins du Loiret, du Tarn, du Puy-de-Dôme, du Var et des Vosges, se trouvaient aussi en nombre suffisant pour donner une idée de la production viticole de ces contrées.

Ce résumé suffit pour faire comprendre combien sont variées et nombreuses les richesses œnologiques de la France, puisque, malgré le nombre considérable des exposants, quarante-cinq de nos départements où la vigne est cultivée n'étaient nullement représentés, et huit seulement avaient réuni une collection importante de leurs produits viticoles.

Nous n'avions pas à établir de comparaison entre les grands crus de la France, les éléments nous manquaient ; mais nous pouvons dire que les grands vins de la Côte-d'Or formaient le plus riche et le plus important des lots de produits appartenant à la cinquième section.

Il nous reste à exprimer ici aux différentes Sociétés que nous avons citées, les remercîments de la commission. Nous espérons qu'elles compléteront l'œuvre qu'elles ont commencée, et continueront à stimuler les exposants et à provoquer leur participation.

Ces Sociétés siégeant aux centres de nos vignobles, et qui ne se sont pas occupées de préparer dans leurs localités les éléments d'une exposition de produits viticoles, ou bien dont l'appel n'a pas été entendu, tiendront désormais à ne pas rester en arrière. C'est parce que nous comptons sur leur coopération, que nous avons la confiance de voir un jour réunir une série complète de nos richesses œnologiques.

Nous venons de réunir les observations faites dans l'examen et la dégustation des produits appartenant à la cinquième section. Ces observations ont servi de base aux propositions de récompenses qui ont été portées devant le jury de la division des produits.

Médailles d'or décernées pour les vins blancs :

A M. Jules Édouard, à Beaune (Côte-d'Or), pour son vin de Bâtard-Montrachet (Puligny), 1858.

A M. Pardon aîné, à Fuissé (Saône-et-Loire), pour son vin de Fuissé, 1858.

A MM. Favre et Joranson, à Ribeauvillé (Haut-Rhin), pour leurs vins fins du Rhin.

A M. Birckel, à Riquewihr (Haut-Rhin), pour ses vins de Riesling, 1834 et 1846.

A M. le comte de Montrichard, à Voiteur (Jura), pour les vins de Château-Chalon, 1815 et 1818, et son vin des Beaumonts (Voiteur), 1802.

A M. Guillory aîné, à Angers (Maine-et-Loire), pour ses vins de la Roche-aux-Moines (Savenières), 1846 et 1858.

A M. le baron de Crouseilhes, pour son vin de Clos-du-Château, Crouseilhes (Basses-Pyrénées).

Vins rouges.

M. Er. Persac, de Saumur (Maine-et-Loire), a exposé une série de vins de Saint-Nicolas-de-Bourgueil. Le vin de 1859 a été trouvé très-bon et promet de donner un excellent vin.

A M. Persac, à Saumur (Maine-et-Loire), *médaille d'argent* pour son vin rouge de Saint-Nicolas-de-Bourgueil (Brain-sur-Allonnes), 1859.

LE COMMERCE DES VINS D'ANJOU

Dans les États du Nord de l'Europe au commencement du XVIIIe siècle.

HOLLANDE ET FLANDRE.

Les denrées et marchandises que les Hollandais achètent en France, qui leur sont nécessaires, tant pour leurs États que pour le commerce qu'ils en font dans tous les États d'Europe et dans l'Amérique, sont les vins de Bordeaux, la Rochelle, Cognac, Charente, Ile-de-Ré, Orléans, Blaisois, Touraine, *Anjou*, Nantes, Bourgogne et Champagne, eaux-de-vie et vinaigres, qui se font en tous lesdits lieux.

Les eaux-de-vie qui se tirent de Blois, sont en poinçons, celles d'*Anjou*, Poitou et Nantes, sont dans des pipes qu'ils appellent barriques ; la barrique contient 60 à 70 veltes, et elles se vendent sur le pied de 29 à 30 veltes; c'est-à-dire, que le plus au-dessus de 30 veltes se paye, et que le moins au-dessous de 29 se diminue ou se rabat.

Les Flamands, et particulièrement ceux d'Anvers, tirent de France les mêmes marchandises que font les Hollandais, ci-devant mentionnés.

ANGLETERRE, IRLANDE ET ECOSSE.

Sur tous les mauvais traitements ci-dessus représentés, il n'y en a pas d'égal à celui que l'on fait aux marchands français qui transportent des vins en Angleterre, car il ne leur est pas permis de les vendre aux taverniers; mais seulement à ceux qui sont de la compagnie, qui en donnent tel prix qui leur plaît, et le pourvoyeur du Roi peut faire le choix des vins qui sont nécessaires pour la maison du Roi, et marque tout le meilleur et à tel prix que bon lui semble; de sorte que ne restant que le rebut, les négociants y perdent considérablement pour s'en défaire; c'est la raison pour laquelle les Français ne transportent guère de vins en Angleterre, particulièrement ceux qui y ont été une fois attrapés.

BRÊME.

Il s'y transporte du vin et de l'eau-de-vie; mais il faut des vins forts, comme ceux de Cognac, et haut pays de Guienne et d'*Anjou*, et qu'ils soient tous blancs.

SUÈDE.

Il se transporte de France en Suède, environ 1,000 tonneaux de vin; il n'en faut point de rouge, si ce n'est de Champagne et Bourgogne; et à l'égard du blanc, il n'y faut que du plus fort, qui se tire de Cognac, Tortant, Langon et *de la Rivière de Loire*.

ARKANGEL ET LA MOSCOVIE.

Il se porte de France en Moscovie, du sel, des vins de Bordeaux et d'*Anjou*; mais il en faut les trois quarts de rouge, et seulement le quart de blanc, de l'eau-de-vie et du vinaigre (1).

(1) *Le parfait Négociant*, par Jacques Savary. 8e édition. Paris, chez Claude Robustel, 1721. Tome 2e, pages 110, 116, 122, 123, 172, 187 et 193.

NOTES

Sur les prix des Barriques neuves, dites Busses d'Anjou, à diverses époques.

1771, 11 mai. — Vendu par Pauvert, négociant à Angers, à Goubault, aussi négociant à Angers, à raison de 4 livres la pièce, deux mille busses, livrables fin octobre au magasin du vendeur, sans aubourt, ni trous de vers, nœuds passants et autres défauts, et du goût de fût (suivant marché), 4 fr.

1777, 16 mai. — Vendu par veuve Gaignard, marchande à Angers, à Guillier de la Touche, professeur en droit, à Angers, deux fournitures de busses neuves, livrables à son cellier de *Murs*, moyennant le prix de 210 livres, 5 fr.

1779, 2 mai. — Vendu par Provost, tonnelier, à Huvelin-Duvivier, lieutenant-général au criminel, les barriques dont il aura besoin chaque année pour son vignoble de Trelazé, pendant neuf années, pour finir à la récolte de 1788, à raison de 105 livres la fourniture de tonneaux neufs et bien conditionnés, 5 fr.

1781, 1er avril. — Vendu par Provost, à D. Pascal Benoist, célérier de l'abbaye de Saint-Nicolas, à Angers, quatre fournitures de busses neuves, à 120 livres la fourniture, livrables aux magasins Saint-Jean, pour la récolte prochaine, 5 fr. 15 sols.

1803, 14 octobre. — Vendu en détail dans les magasins Saint-Jean 759 busses à des prix divers de : 8 fr., 9 fr., 10 fr., 10 fr. 10 sols, 11 fr., 12 fr., 13 fr., 14 fr. et 15 fr. successivement, en hausse du 14 au 29 octobre, dans l'espace de 15 jours, de 8 à 15 fr.

1804, 15 octobre. — Vendu de la même manière, à la veille des vendanges, dans les magasins Saint-Jean, 446 busses de : 14 fr., 15 fr., 15 fr. 10 sols, 16 fr., 16 fr. 10 sols, 17 fr., 17 fr. 10 sols, 18 fr., 19 fr. et 20 fr. la busse, de 14 à 20 fr.

1818, 3 octobre. — Vendu de même, 802 busses dans divers magasins d'Angers, aussi pour les vendanges, arrivant, à des prix divers, depuis 10 fr., 11 fr. 15 sols jusqu'à 12 fr., 12 fr. 10 sols, 13 fr., 13 fr. 10 sols, 14 fr., 15 fr., 15 fr. 10 sols, 16 fr., 17 fr., 18 fr., 19 fr., jusqu'à 20 f. la pièce, et à partir du 14 octobre, retombées à 12 fr., 11 fr. et 10 fr. pour les 193 dernières vendues ; le tout s'élevait de 10 à 20 fr.

Ces ventes faites à la veille des vendanges par une spéculation prévoyante, venaient en aide à des récoltes d'une abondance imprévue.

Voici les prix auxquels ont été payées, dans ces dernières années, les barriques ou busses neuves sur la rive droite de la Loire :

De 1838 à 1842. — De celui de 7 fr. elles sont montées annuellement à 8 et 9 fr., de 8 à 9 fr.

De 1843 à 1846. — Elles sont retombées au prix de 8 fr. 50 c. chaque, par suite des faibles récoltes 8 fr. 50 c.

1846. — Elles ne valent que 8 fr. 25 c. par suite des approvisionnements restés chez les tonneliers, 8 fr. 25 c.

1847. — L'abondance les fait remonter à 8 fr. 50 c., 8 fr. 50 c.

1849-50-51 à 52. — Elles remontent au prix de 9 fr.

1853-54-55-56-57. — Les faibles récoltes de ces cinq années, forcent encore les tonneliers d'en abaisser de nouveau le prix jusqu'à 8 fr. la pièce.

1858-1859. — Elles remontent à 9 fr.

1860 61-62-63-64. — Elles valent 10 fr.

1865. — Elles montent à 12 fr. par suite de l'abondance de la récolte.

1866. — Elles tombent à 11 fr. à cause de la médiocrité de qualité, qui doit faire baisser le prix du vin.

De 1867-68-69-70-71-72-73. — Le prix de 12 fr. s'est toujours maintenu, et il paraît peu probable qu'il éprouve de baisse importante par suite de l'élévation du cours des bois merrains et des cercles employés à leur fabrication.

Toutes nos bonnes barriques ou busses sont en bois merrains de chênes et cerclées avec des cercles en châtaigniers.

Celles dans lesquelles il entre des douelles en châtaignier, se vendent un peu meilleur marché; quant aux barriques qui sont entièrement fabriquées en merrains de châtaignier, il existe une assez forte différence dans le prix d'avec celles en chêne ; mais il s'en vend fort peu.

Les barriques vieilles d'un vin, prêtes à servir, se payent environ un tiers au dessous du prix des neuves. Celles de plusieurs vins, s'estiment ordinairement à moitié prix seulement des neuves.

ENTREPOT DES MAGASINS SAINT-JEAN.

Lorsque j'écrivis les quelques lignes consacrées à cet important marché d'autrefois, je n'étais aidé que par des souvenirs de jeunesse; il ne restait même pas, pour les corroborer, un état de lieux propre à bien indiquer son ancien emplacement ; la construction du pont de la Haute-Chaîne et la création du boulevard de l'Hôpital y avaient tellement dénaturé les lieux, qu'il était bien difficile d'y reconnaître l'emplacement qui avait servi à cet entrepôt.

La publication, toute récente, dans la *Revue d'Anjou*, de partie d'un ancien plan de notre ville, vient de me faciliter une nouvelle étude dont je vais consigner ici les principaux faits :

Notre savant et consciencieux archiviste M. C. Port, nous apprend qu'il était de coutume, à Angers, dit une délibération communale de 1496, que au port Lénier y avait, par chacun an, sur la saison d'août, 5 à 600,000 de bois merrains à la place où sont les ligniers de bois de chauffage, en 1507, est-il dit ailleurs (1).

Que, depuis les premières années du XVIIe siècle, le port Lénier était entouré d'ateliers de tonneliers et de menuisiers en bateaux, bâtis sur pilotis (2).

Du 1er mai 1613 au 29 avril 1614, comparution au conseil des tonneliers du port Lignier, cités pour produire leurs titres des places qu'ils y occupent (3).

Du 1er mai 1617 au 30 avril 1619, répression des empiétements sur la voie publique faits au port Ligner par les tonneliers (4).

Par suite de la répression de ces empiétements, il semblerait que c'est alors que le dépôt des bois merrains a dû être reporté

---

(1) *Description de la ville d'Angers,* nouvelle édition, par M. C. Port, page 126.

(2) *Description de la ville d'Angers*, nouvelle édition, par M. C Port, page 126.

(3) *Inventaire analytique des archives anciennes de la mairie d'Angers*, par C. Port, page 77.

(4) *Inventaire analytique des archives anciennes de la mairie d'Angers*, par M. C. Port, page 79.

ailleurs, et peut-être aux magasins Saint-Jean, où je l'ai encore vu. Ce que paraît indiquer le plan d'Angers dont nous avons parlé. En effet, ce plan qui porte la date de 1736, présente *le magasin Saint-Jean* sur le *port de la Haute-Chaîne*, premier témoignage de notre assertion.

Un autre plan de la ville d'Angers, levé en 1775, et corrigé en 1789, tel qu'il est inséré en tête du volume de la description de la ville d'Angers, est une nouvelle confirmation de l'existence de l'entrepôt dont nous avons signalé l'existence. Ce plan porte sur l'espace qui nous occupe les numéros 1, 2 et 3, mentionnés dans la légende qui l'accompagne. B III. le nº 1, *magasin*, nº 2, *quai de l'Hôpital*, nº 3, tour de Haute-Chaîne (1).

Nota. Le port de la Haute-Chaîne mentionné sur un plan, est le même que le quai de l'Hôpital indiqué sur l'autre plan.

---

(1) *Description de la ville d'Angers*, par Péan de la Tuillerie. Nouvelle édition, augmentée par M. C. Port, à Angers, imprimerie E. Barassé, 1869.

Je trouve encore dans les archives départementales la mention suivante :

1774. Travaux de villè. Procès-verbal dressé par Fr. Chentrier et Jean Lochet, de partie du mur de ville écroulé près *le magasin de l'Hôpital* (1).

Faute de documents plus spéciaux, je puis ajouter que des notes commerciales m'ont appris que depuis 1760, la même famille de négociants a été fermière *des magasins Saint-Jean*, jusqu'à leur suppression ; et que cet entrepôt était géré par un associé, M. Prévost, ancien maître tonnelier.

(1) Archives de Maine-et-Loire antérieures à 1790, rédigées par M. C. Port. — Supplément à la série E, arrondissement et ville d'Angers, page 48.

CLASSIFICATION DES VINS BLANCS

DE MAINE-ET-LOIRE.

La Roche-aux-Moines, 1er juin 1865.

Monsieur le Directeur du *Moniteur vinicole*,

Les indications fournies par votre correspondance depuis le commencement de cette année, sur les vins blancs de notre département, pouvant faire croire, par l'écart de leurs prix, à une apparente anomalie à ceux de vos lecteurs qui ne connaissent pas la distinction presque aussi ancienne que leur réputation qui sépare les vins d'Anjou en deux classes bien tranchées, je vous demanderai la permission de réunir ici vos propres renseignements et de les partager en deux groupes pour bien caractériser cette classification.

Sous la date de Saumur, le 27 février, vous disiez : « Les achats considérables qui ont été faits pour la consommation de nos environs depuis la récolte, joints à plus de 5,000 pièces achetées depuis vingt jours pour Paris, ont dégarni le vignoble comme jamais nous ne l'avons vu à cette époque de l'année.

» Il ne reste plus que quelques celliers bourgeois des crus de Saint-Léger, Tanton, Cursay et Tourtenay, que l'on fait de 45 à 48 fr., suivant mérite. Les vins de vignerons, qui sont en plus grand nombre, s'obtiendraient de 40 à 42 fr. »

Le 1er mars, on vous écrivait aussi de Saumur : « Cote du Puy, Mesmé, Sauzier, Chavagnes et environs, les vins sont tenus de 38 à 45 fr., suivant qualité.

» Dans les meilleurs crus pour Paris, Le Coudray, Mihervé, Courchamps et environs, il n'y a pas 100 pièces de vins bourgeois dont on demande de 52 à 55 fr.

» En vins vignerons de ces contrées, il reste 1,000 pièces de vins dans lesquelles on pourrait faire un bon choix de 47 à 50 fr. »

Le 29 mars, on vous marquait encore de Saumur : « Depuis nos derniers avis, les achats ont été continués dans notre vignoble, et les meilleurs celliers des crus supérieurs ont presque entièrement disparu, à 300 pièces près, que l'on fait de 53 à 60 fr.

» Il ne reste plus dans les communes où se récoltent les meilleures qualités pour Paris, que des vignerons, parmi lesquels il y a encore de bonnes cuvées, que les détenteurs tiennent de 45 à 50 fr.

» Dans toutes les autres parties du vignoble, telles que la côte Saint-Léger, Tanton, Tourtenay, le Puy, le vignoble est considérablement dégarni. Là, comme dans les meilleurs crus, les vins bourgeois ont été pris de préférence ; aussi ne reste-t-il que quelques bons celliers que les vendeurs ont la prétention de vendre trop cher. De 45 à 47 fr. l'on ferait encore choix de très-bonnes cuvées, et de 40 à 42 fr. l'on aurait les bons vignerons. »

Voilà l'ensemble de vos avis pour ce qui concerne ce premier groupe. Voyons maintenant ceux qui se rapportent à l'autre groupe des vins de notre département.

« Saumur, 31 janvier. — Depuis quelque temps, nos vins ont une demande assez suivie, avec une hausse de 5 à 6 fr. par pièce de 230 litres. Voici nos cours :

» Vins blancs 1re qualité, 190 à 200 fr.; 2e qualité, de 55 à 75 fr.; 3e qualité, de 35 à 50 fr.

» Ce sont les marchands et les débitants de la Sarthe et de la Mayenne qui font les principaux achats. La Vendée fait quelques parties. »

« Angers, 8 avril. — Nos vins blancs de première classe se sont enlevés depuis trois mois avec un entrain auquel nous n'étions plus habitués ; aujourd'hui ils sont retombés dans le calme qui avait suivi la récolte.....

» Ces vins, qui avaient été peu appréciés tout d'abord, et qui après la récolte s'étaient vendus en baisse sur la précédente, c'est-à-dire de 100 à 110 et 120 fr. pendant tout le mois de novembre, avaient été sérieusement appréciés après les premiers froids. Aussi, dès qu'on avait pu en juger la valeur, les prix s'en étaient rapidement élevés de 150 à 200 fr., et même jusqu'à 225 et 250 fr., quelques parties exceptionnelles. Aujourd'hui, le peu qui reste de ces vins dans les vignobles se paye, comme en novembre, de 100 à 120 fr. Il y a encore une certaine quantité de bons vins de 2e choix, qui s'obtiennent de 80 à 100 fr. la barrique. »

Il résulte donc de ces documents, comme je l'exposais en commençant, que les vignobles de Maine-et-Loire, qui produisent des vins blancs de qualités très-diverses, sont principalement renommés pour les deux grandes classes dont il est ici question.

L'une, la seule connue aujourd'hui du commerce parisien et la seule cotée dans les cours publiés, se récolte dans la partie sud de l'arrondissement de Saumur, dans les localités que vous avez mentionnées, où, sous la dénomination de *vins pour Paris*, elle donne lieu à un commerce considérable avec la capitale. Ces vins, vendus ordinairement à des prix modérés en rapport avec leur qualité secondaire, sont transportés à Paris, où ils sont employés à faire des vins rouges au moyen de leur coupage avec des vins du Midi, auxquels ils s'allient admirablement bien. Grâce à leur légèreté et à leur délicatesse, ils donnent aux vins épais et chargés du Midi une couleur vive, brillante, et un goût tel qu'ils semblent faits l'un pour l'autre. Aussi, coupés dans des proportions convenables, ils donnent un vin infiniment meilleur et salubre qu'ils ne le seraient l'un ou l'autre séparément.

L'autre classe qui comprend nos vins blancs de première qualité, est connue sous le nom de *vins pour la mer*, parce que ce sont ceux qui de tout temps, et surtout dans les bonnes années, s'expédiaient pour l'étranger ; les Belges, les Hollandais et les Anglais en exportaient autrefois des parties considérables par le port de Nantes. Nos débouchés les plus habituels après l'exportation étaient dans les départements voisins, surtout ceux de la Sarthe, de la Mayenne et de l'Orne.

Les grands vins blancs d'Anjou sont produits principalement :

1° Sur les coteaux de Saumur, par les communes de Montsoreau, Turquant, Parnay, Souzay, Dampierre, Varrains, Chacé, Saint-Cyr et Brézé.

2° Sur les coteaux du Layon, par celles de Martigné-Briand, Faveraye, Thouarcé, Faye, Rablay et Beaulieu.

3° Sur la rive droite de la Loire, par les vignobles d'Epiré, la Roche-aux-Moines, Savenières et la Possonnière.

La majeure partie de ces vins, étant aujourd'hui aussi recherchés pour leur grande douceur, leur goût de fruit et leur délicatesse, que pour leurs autres mérites, s'enlèvent dès les premiers mois qui suivent leur récolte, afin de pouvoir être mis en bouteilles dans les *décours* de février ou mars suivants. Ce fait explique les expéditions si considérables qui se font dès l'hiver dans nos vignobles.

Les personnes qui tiennent, au contraire, à obtenir des vins secs et légers, se distinguant encore par leur parfum, suivent l'ancienne méthode, qui consistait à ne pas mettre en bouteilles les vins d'Anjou avant le mois de septembre qui suit la récolte.

Dans l'un et l'autre cas, les qualités respectives ne font que se perfectionner en vieillissant dans le verre.

L'ancienne renommée des vins blancs de Maine-et-Loire a acquis dans ces derniers temps une nouvelle consécration au concours général et national d'agriculture de 1860, où ils ont pu se produire au grand jour et se faire apprécier à leur juste valeur ; car ils y ont mérité l'une des sept médailles d'or accordées aux vins blancs français dans cette solennité agricole. Maintenus par cette distinction sur la même ligne que les produits de nos principaux vignobles, ces vins devront nécessairement profiter des nouveaux débouchés que peuvent faire espérer les récents traités de commerce.

La Belgique continue à s'approvisionner, surtout dans les bonnes années, des vins des coteaux de Saumur. Les produits des coteaux du Layon ont aussi donné lieu, dans ces dernières années, à quelques essais couronnés de succès en Angleterre, où nos vins avaient été remarqués à la dernière exposition universelle, et où ils avaient obtenu une médaille d'honneur.

Quelques commerçants de Paris, qui ont pu en apprécier le mérite, viennent aussi, depuis plusieurs années, s'approvisionner de nos vins blancs de première classe, dont ils paraissent très-satisfaits. Les départements voisins constituent toujours nos plus importants débouchés, les qualités de ces vins y étant de plus en plus appréciées. Aussi pouvons espérer que la consommation s'y développera en proportion des progrès de notre production.

J'ai pensé que ces renseignements ne seraient pas sans intérêt pour vos lecteurs, et expliqueraient suffisamment la différence de qualité qui existe entre nos deux classes de vins blancs, dont les prix conservent toujours un si grand écart, puisque les prix de l'une ne dépassent guère 50 fr., tandis que ceux de l'autre s'élèvent de 100 à 200 fr.

Agréez, etc.

GUILLORY aîné.

TABLE DES MATIÈRES.

Angers, imp. E. Barassé.

www.ingramcontent.com/pod-product-compliance
Ingram Content Group UK Ltd.
Pitfield, Milton Keynes, MK11 3LW, UK
UKHW020255250726
13967UKWH00004B/1694

9 782013 047579